HISTOIRE

DE

L'ÉLECTRICITÉ.

TOME PREMIER.

HISTOIRE

DE

L'ÉLECTRICITÉ,

TRADUITE de l'Anglois de JOSEPH PRIESTLEY, avec des Notes critiques.

OUVRAGE enrichi de Figures en Taille-Douce.

TOME PREMIER.

A PARIS,

Chez HÉRISSANT le fils, rue des Fossés de M. le Prince, vis-à-vis le petit Hôtel de Condé.

M. DCC. LXXI.

Avec approbation, & privilege du Roi.

AVERTISSEMENT
DE L'ÉDITEUR.

L'OUVRAGE que nous préfentons au public, eft l'Hiftoire de l'Electricité la plus complette qui ait paru jufqu'ici. Elle commence à l'origine de cette fcience; elle en fuit les progrès; & elle s'étend juf-qu'aux dernieres découvertes qu'on y a fai-tes. C'eft une collection de faits très-étendue dans ce genre; & qui devient par-là très-intéreffante. C'eft une des principa-les raifons qui m'ont engagé à publier cet ouvrage dans notre langue; car il eft d'ailleurs fait par un Auteur très-par-tial, & qui voudroit pouvoir accorder à fa nation toutes les découvertes, en les enlevant aux autres. Il dit cependant le contraire dans fa Préface; mais il eft rare qu'on voie foi-même fes propres dé-fauts. Sa prévention en faveur des An-glois eft telle, que les plus petites chofes faites par eux, lui paroiffent des pro-diges; tandis que le plus fouvent des chofes neuves, qui viennent des autres Nations, lui femblent d'un mérite très-

inférieur. Il pousse la prévention jusqu'au point de dire, dans un endroit de son ouvrage, en parlant de certaines expériences, que, si les François ne les eussent pas faites les premiers, tout ce qu'ils ont fait à cet égard, ne vaudroit pas la peine d'être rapporté ; & il donne aux Anglois les plus grands éloges, quoique, de son aveu, ils n'aient fait en cela que copier les François. S'il donne quelques éloges à des Etrangers, c'est à ceux qui ont suivi les principes des Anglois : ainsi ces éloges sont encore donnés aux derniers, du moins indirectement. Malgré cela, je crois que cet ouvrage sera très-utile aux Amateurs de l'Electricité ; il leur fera voir d'un coup-d'œil tout ce qui a été fait dans ce genre : les expériences déja faites donneront des vues pour en faire de nouvelles : & les Notes que j'ai ajoutées, garantiront le Lecteur de la prévention de l'Auteur. J'ai trouvé bien des choses que j'ai été tenté de retrancher ; parce qu'elles m'ont paru minutieuses & inutiles. Mais j'ai eu peur que l'Auteur & ses partisants ne me fissent le reproche d'avoir omis des choses essentielles : & j'ai cru devoir l'éviter.

PRÉFACE

D E

L'AUTEUR.

En écrivant l'*Histoire de l'Electricité*, je me flatte que je ferai plaisir aux personnes qui ont du goût pour la Physique en général, aussi bien qu'aux Electriciens en particulier. J'espere même que cet ouvrage sera de quelque utilité à l'Electricité elle-même. Si l'exécution répond en tout à mon plan, je remplirai certainement mon but au-delà de mes espérances.

L'Histoire de la Physique ex-périmentale, écrite d'une maniere convenable pour la rendre fort utile, seroit un ouvrage immense, & peut-être au-dessus de l'entreprise de tout homme, quel qu'il soit. Mais il seroit fort à desirer que les personnes qui ont le loisir & les talents nécessaires, l'entreprissent par parties. Quant à moi, je l'ai exécuté, du mieux qu'il m'a été possible, à l'égard de cette branche, qui a fait mon amusement favori; & je m'estimerai heureux, si cet essai engage d'autres personnes à en faire autant, chacune dans sa partie.

Je ne puis m'empêcher d'avouer que j'ai été singuliérement heureux, d'avoir entrepris l'histoire de l'Electricité, dans le temps le plus favorable, au moment où les matériaux n'étoient ni en trop petit nombre, ni trop abondants pour faire une

Histoire , & dans l'inftant où ils étoient difperfés au point d'en faire fortement defirer l'entre-prife , & de rendre l'ouvrage particuliérement utile aux An-glois.

Je m'eftime pareillement heu-reux , relativement à mon ob-jet. La Phyfique a peu de bran-ches , à mon avis , qui foient un fujet fi propre pour une Hiftoi-re. Il n'y en a guere qui puif-fent fe glorifier d'un fi grand nombre de découvertes , difpo-fées dans un fi bel ordre , faites dans un fi petit efpace de temps , & toutes fi récentes , que les principaux acteurs de la fcene font encore vivants.

J'ai eu l'honneur fingulier , & le bonheur de connoître plu-fieurs des principaux auteurs ; & c'eft d'après leur approbation de mon plan , & l'encourage-

a v

ment qu'ils m'ont donné, que je me fuis déterminé à entreprendre l'ouvrage. J'avoue avec reconnoiffance, les obligations que j'ai au Docteur Watfon, au Docteur Franklin, & à M. Canton, pour les livres & autres matériaux qu'ils m'on procurés, & pour la promptitude avec laquelle ils m'ont donné toutes les inftructions qui étoient en leur pouvoir. Je fuis plus particuliérement redevable à M. Canton, des nouvelles découvertes qu'il m'a fournies, qu'on trouvera dans cet ouvrage, & qui ne peuvent manquer de lui donner du mérite dans l'efprit de tous les amateurs de l'Electricité. Je dois auffi bien des remerciments à M. Price, de la Société Royale, & à M. Holt, Profeffeur de Phyfique à Warrington, pour les foins qu'ils ont donnés à cet

ouvrage, & pour bien des fer-
vices importants qu'ils m'ont
rendus à cet égard.

Le public eft pareillement redevable à ces Meffieurs de tout
ce qu'il trouvera de bon dans
les nouvelles expériences que
j'ai rapportées de moi. Ce font
les converfations que j'ai eues
avec eux, qui m'ont d'abord
fait naître l'idée d'entreprendre
quelque chofe de neuf dans ce
genre; & c'eft leur exemple &
leur attention favorable à mes
expériences, qui m'a animé à
les fuivre. En un mot, fans eux,
ni mes expériences, ni cet ouvrage, n'auroient jamais exifté.

J'efpere que le lecteur trouvera la partie Hiftorique de cet
ouvrage complette, circonftan-
ciée, & en même-temps fuccin-
te. J'ai marqué chaque fait nouveau, chaque circonftance importante, tels qu'ils fe font pré-

fentés ; mais j'ai abrégé tous les
détails , & évité foigneufement
toutes les digreffions & les ré-
pétitions. Pour cet effet, j'ai lu
avec foin tous les Auteurs originaux , auxquels j'ai pu avoir recours ; & j'ai marqué par des
citations au bas de la page , les
autorités que j'ai confultées ,
& d'où j'ai tiré le détail rapporté dans le texte. Quand je
n'ai pas pu me procurer les Auteurs originaux , j'ai été obligé
de les citer d'après les autres ;
mais le renvoi apprend toujours
à qui cela appartient. Pour bien
rendre tous les Auteurs , j'ai
communément donné à mes lecteurs leurs propres termes , ou
la traduction la plus fimple que
j'en ai pu faire ; & je l'ai fait ,
non-feulement lorfque je les ai
cités directement , mais encore
lorfque je me fuis approprié leur
langage.

Je me suis prescrit pour regle, & je crois ne m'en être
jamais écarté, de ne point rele-
ver les bévues, les mal-enten-
dus, ni les altercations des Electriciens, du moins au-delà du
point, où j'ai jugé que leur connoissance pouvoit être utile à
leurs successeurs. Toutes les disputes qui n'ont contribué en
aucune maniere à la découverte
de la vérité, je les aurois volontiers abandonnées à un éter-
nel oubli. S'il dépendoit de moi,
la postérité ignoreroit toujours
qu'il y eût jamais eu rien de
pareil à l'envie, à la jalousie ou
à la supercherie, parmi les admirateurs de mon étude favorite. J'ai rendu justice, autant que
j'ai pu, au mérite de toutes les
personnes intéressées. Si quelqu'un a formé des prétentions
injustes, en s'arrogeant les découvertes des autres, je les ai

rendues fans rien dire, au véritable propriétaire, & ordinairement fans donner la moindre indication qu'il y ait jamais eu aucune injuftice de commife. Si dans certains cas je l'ai fait connoître, j'efpere que les coupables eux-mêmes trouveront que je l'ai fait avec douceur; & que cela leur fervira d'un *memento*, qui ne leur fera pas inutile.

Je crois ne m'être pas mis dans le cas qu'on me reproche la moindre partialité pour mes Compatriotes, & même pour les gens de ma connoiffance intime. Si j'ai cité les Auteurs Anglois plus fouvent que les Etrangers; c'eft qu'il m'a été plus facile de me les procurer; car j'ai trouvé une difficulté à laquelle je ne me ferois pas attendu, pour me procurer les ouvrages étrangers compofés fur cette matiere.

Il me paroît impoſſible d'écrire une Préface à cet ouvrage, ſans laiſſer voir une petite portion de l'enthouſiaſme que j'ai contracté, par la réflexion que j'y ai faite, en exprimant le deſir que j'aurois de voir un plus grand nombre des perſonnes qui menent une vie ſtudieuſe & retirée, faire entrer dans leurs études cette partie de la Phyſique expérimentale. Elles trouveroient qu'elle varieroit agréablement leurs études, en mêlant un peu d'action à la ſpéculation, & donnant quelque occupation au corps, auſſi bien qu'à l'eſprit. Les expériences Electriques ſont les plus claires & les plus agréables de toutes celles qu'offre la Phyſique. On les fait avec le moins d'embarras ; elles ſont extrêmement variées ; elles fourniſſent les phénomenes les plus agréables & les

plus furprenants, pour l'amufement d'une compagnie ; & on
peut fuppléer à la dépenfe des
inftruments, par un retranche-
ment proportionné fur l'achat
des livres, qu'on lit communément, & qu'on laiffe de côté,
fans en recevoir moitié autant
d'amufement.

L'inftruction que l'on peut tirer des livres, eft en comparaifon bientôt épuifée ; mais les
inftruments de Phyfique fourniffent un fond inépuifable de
connoiffance. Cependant par
inftrument de Phyfique, je n'entends point parler ici des globes, des orréries & autres, qui
ne font que des moyens, que
des perfonnes de génie ont ima-
ginés, pour expliquer à d'autres
la maniere dont ils concevoient
les chofes, & qui par conféquent, de même que les livres,
n'ont pas un ufage plus étendu

que les vues que peut fournir l'induſtrie humaine. Mais j'entends parler des inſtruments tels que la machine Pneumatique, celle de Condenſation, le Pyrometre, &c. (au nombre deſquels on doit ranger les machines Electriques) qui préſentent les opérations de la nature ; c'eſt-à-dire, du Dieu de la nature même, qui ſont infiniment variées. A l'aide de ces machines, on peut mettre un nombre infini de choſes dans une variété infinie de ſituations, tandis que la nature elle-même eſt l'agent qui fait voir le réſultat. Par-là on obſerve les loix par leſquelles elle agit, & l'on peut faire les découvertes les plus importantes, & telles que ceux qui les premiers ont imaginé l'inſtrument, n'en avoient aucune idée.

C'eſt ſur-tout en Electricité

qu'il y a lieu d'efpérer le plus
de faire de nouvelles découvertes. C'eſt un champ qui ne fait
que d'être ouvert, & qui ne
demande pas un grand fond de
connoiſſances préparatoires pour
le cultiver ; de forte que toute
perfonne paſſablement verſée
dans la Phyſique expérimentale,
peut fur le champ fe trouver de
niveau avec les Electriciens les
plus experts. Il y a plus ; cette
Hiſtoire fait voir que bien des
gens peu inſtruits fe font rendus auſſi célébres que d'autres,
qui ont été regardés, à d'autres
égards, comme les plus grands
Phyſiciens. Je n'ai pas beſoin
de dire à mes lecteurs, combien cette refléxion eſt puiſſan-
te pour les engager à fe fournir d'un appareil électrique. Le
plaiſir qui réſulte de la plus légere découverte qu'on a faite
foi-même, l'emporte de beau-

coup fur celui que nous caufe la connoiffance des découvertes d'autrui , quoique beaucoup plus importantes ; & quiconque ne fait que lire , n'eft pas dans le cas de trouver de nouvelles vérités, comme y eft celui qui s'amufe de temps à autre à faire des expériences de Phyfique.

Le bonheur de l'homme dépend principalement d'avoir quelque objet à fuivre, & de la vigueur avec laquelle il emploie fes facultés dans cette pourfuite. Il eft fûr que nous devons être beaucoup plus intéreffés à fuivre des objets qui font entiérement à nous, que nous ne le fommes à fuivre la route que les autres ont tracée. D'ailleurs, ce plaifir tire des fecours de bien des fources, que je n'entreprends pas ici de détailler, mais qui contribuent

à en augmenter la fenfation bien
plus que toute autre chofe de
ce genre , que peut éprouver
une perfonne dont l'efprit eft
tourné à la fpéculation.

Ce qui rend l'étude de l'Electricité très - recommandable ,
c'eft qu'elle ne paroît point du
tout être un objet de peu d'importance. Le fluide électrique
n'eft point un agent local , ni
occafionel fur le théâtre du monde. Les dernieres découvertes
font voir qu'il eft préfent &
agiffant par-tout ; & qu'il joue
un rôle principal dans les plus
grandes & les plus intéreffantes
fcenes de la nature. Il n'eft pas
reftreint, comme le magnétifme, à une feule efpece de corps ;
tous ceux que nous connoiffons
font conducteurs ou non - conducteurs d'Electricité. Ces propriétés leur font auffi effentiel-
les & auffi importantes, qu'au-

cune de celles. qu'ils poſſédent ;
& ne peuvent guere manquer
de ſe faire connoître par-tout
où il eſt queſtion des corps.

Juſqu'ici la Phyſique s'eſt
exercée principalement ſur les
propriétés les plus ſenſibles des
corps : l'Electricité, ainſi que la
Chymie & la doctrine de la lumiere & des couleurs, paroît
propre à nous faire connoître
leur ſtructure intérieure, d'où
dépendent toutes leurs propriétés ſenſibles. En ſuivant donc
cette nouvelle lumiere, on peut
parvenir à étendre les bornes
de la Phyſique, au-delà de tout
ce dont nous pouvons maintenant nous former une idée. On
peut découvrir à notre vue de
nouveaux mondes ; & la gloire
du célebre Newton lui-même,
& de ſes contemporains, peut
être éclipſée par un nouvel ordre de Philoſophes dans un

champ de fpéculation tout-à-
fait nouveau. Si ce grand homme pouvoit revenir fur la terre,
& qu'il vît les expériences des
Electriciens actuels, il ne feroit
pas moins étonné que Roger
Bacon l'auroit été des fiennes.
La commotion électrique elle-
même, fi on la confidere avec
attention, paroîtra prefque auffi
furprenante qu'aucune de fes découvertes : & quiconque auroit
été conduit à celle-ci par quelque raifonnement, auroit été
regardé comme un très-grand
génie. Mais les découvertes
électriques font tellement dues
au hazard, que c'eft moins l'ef-
fort du génie que les forces de
la nature, qui excitent l'admiration que nous leur accordons.
Mais fi la fimple commotion
électrique eût paru fi extraordinaire à Newton, qu'auroit-il
dit en voyant les effets d'une

de nos batteries électriques actuelles, & l'appareil au moyen duquel nous tirons le tonnerre des nuages ? Quel plaisir inexprimable pour un Electricien de nos jours, s'il lui étoit possible d'entretenir, pendant quelques heures, de ses principales découvertes, un homme tel que Newton !

Laissons-là cette digression, & revenons à notre Préface. Non content de rapporter l'Histoire des découvertes électriques, dans l'ordre dans lequel elles ont été faites, j'ai cru qu'il étoit nécessaire, pour rendre l'ouvrage plus utile, sur-tout aux jeunes Electriciens, d'ajouter un traité méthodique sur cette matiere, contenant la substance de l'Histoire sous une autre forme, avec des observations & des instructions que j'y ai ajoutées. L'usage particulier de ces différentes parties de l'ouvrage , eſt énoncé fort au long dans leurs introductions ; & en dernier lieu , j'ai rendu compte des nouvelles expériences que j'ai été aſſez heureux d'imaginer.

J'ai intitulé cet ouvrage , *Hiſtoire de l'Electricité.* Soit qu'il ait de nouvelles Editions ou non ; on aura ſoin de lui donner toujours toute l'étendue de ſon titre , en imprimant au beſoin & dans le même format , des additions , à meſure que l'on fera de nouvelles découvertes , qui feront toujours données à un prix raiſonnable , ou même *gratis* , ſi elles ſont peu conſidérables.

Vu les morceaux précieux dont des perſonnes eſtimables ont bien voulu honorer juſqu'ici cet ouvrage , je crois pouvoir avertir , ſans être taxé de préſomption , que tous ceux qui

feront

feront des découvertes en Electricité, & qui voudront les voir
confignées dans cette Hiftoire,
me feront plaifir de me les communiquer ; fi elles font vraiment nouvelles, on leur affigne-
ra fûrement une place convenable dans la prochaine édition,
ou dans le cahier de fupplé-
ment. Il me femble que fi en
général les Electriciens prenoient
cette méthode, & qu'ils donnaffent conjointement au public,
la connoiffance de leurs découvertes, foit dans des feuilles pé-
riodiques, ou autrement, la
fcience en tireroit les plus grands
avantages.

Les objets de la Phyfique font
tellement multipliés, que des
particuliers ne peuvent, ni fe
procurer aifément, ni même lire le recueil général des tranfactions Philofophiques. Il eft
temps de fubdivifer cette ma-

b

tiere, afin que chacun puiſſe
avoir la commodité de s'atta-
cher à la partie dont il fait ſon
étude favorite. Toutes les branches de la Phyſique trouveroient
leur compte dans cette ſéparation. C'eſt ainſi que du temps
des Patriarches, les branches
nombreuſes d'une famille trop
multipliée, l'obligerent de ſe
diviſer ; & cette ſéparation contribua à la force & à l'accroiſſement de chaque branche, &
à la commodité de toutes. Que
la plus jeune fille des ſciences
donne l'exemple aux autres, &
faſſe voir qu'elle ſe croit aſſez
conſidérable pour paroître dans
le monde ſans être accompagnée
de ſes ſœurs.

Mais avant d'en venir à cette ſéparation générale, que
chacune raſſemble tout ce qui
lui appartient, & marche avec
ſes propres fonds. Pour finir

l'allufion; que l'on écrive l'Hiftoire de tout ce qui a été fait
dans chaque branche particuliere
de fcience, & que l'on préfente
le tout rapproché fous un même point de vue. Quand une
fois on aura préfenté fidélement
tous les progrès & l'état actuel
de chaque fcience, je ne doute
pas que nous ne voyions com-
mencer une Ere nouvelle & in-
téreffante dans l'Hiftoire de toutes les fciences. Un tel tableau
complet & précis de tout ce qui
a été fait jufqu'ici, ne pourroit
manquer de donner une nouvelle vie aux recherches Philofophiques. Il fuggéreroit une
infinité de nouvelles expériences, & fans doute accéléreroit
beaucoup les progrès des connoiffances, qui fe trouvent actuellement retardés, en quelque forte par leur propre poids,
& par la confufion mutuel-

le de leurs différentes parties.

Je vais communiquer une idée,
qui m'eſt venue dernierement,
& qui pourroit, je crois, favori-
ſer l'accroiſſement des connoiſſances Philoſophiques. Il y a
maintenant dans différents Pays
de l'Europe, de grands corps
de Sociétés, qui ont des fonds,
pour l'avancement de toutes ſortes de connoiſſances Philoſophiques. Que les Philoſophes commencent à ſe diviſer actuellement, & à former des Sociétés plus petites. Que les différentes compagnies aſſignent des
fonds plus petits, & nomment
un Directeur pour conduire les
expériences. Que chaque membre ait le droit de propoſer des
expériences dans la proportion
de ſa ſouſcription; & que l'on
publie périodiquement le réſultat de celles qui ſeront faites,
ſoit qu'elles aient réuſſi ou non.

De cette maniere, on réuniroit & on augmenteroit les facultés de tous les membres. On essaye- roit tout ce qui pourroît être fait avec une dépense médiocre ; & comme il y auroit une per- sonne nommée pour présider à ces expériences, elles feroient faites & publiées sans perdre de temps. De plus, comme on évi- teroit d'agrandir ces petites So- ciétés, on ne les encourageroit qu'à proportion qu'on les trou- veroit utiles ; & le succès dans les plus petites choses, les en- gageroit à en entreprendre de plus grandes.

Je ne désapprouve point du tout les grandes Sociétés géné- rales, & qui font corps : elles ont aussi leurs avantages parti- culiers ; mais l'expérience nous apprend qu'elles font sujettes à devenir trop nombreuses, & leurs formalités font trop len-

tes à expédier les chofes minu-
tieufes, fur-tout dans l'état actuel, & fi compliqué de la Philofophie. Il faudroit avoir recours aux riches Sociétés, pour
fournir aux dépenfes des expériences, auxquelles les fonds
des petites ne pourroient fuffi-
re. Il faudroit que leurs ouvrages continffent un extrait des
plus importantes découvertes,
recueillies des ouvrages Pério-
diques, publiés par les petites;
qu'elles encourageaffent par des
récompenfes ou par d'autres
moyens, ceux qui fe diftingue-
roient dans les Sociétés infé-
rieures; & qu'elles donnaffent
ainfi une attention générale à
tout ce qui concerne la Philofophie.

Je défirerois que toutes les Sociétés Philofophiques de l'Europe, réuniffent leurs fonds (&
il feroit à fouhaiter qu'ils fuffent

fuffifauts pour cela) pour équi-
per des vaiffeaux, afin de découvrir tout ce qui refte d'in-
connu fur la furface de la terre, & pour faire plufieurs expériences importantes, que l'on
ne peut faire que dans d'auffi
grands voyages.

Les Princes ne tenteront jamais ce grand œuvre. L'efprit
d'entreprife femble être totalement éteint parmi les Négociants
actuels. Cette découverte eft une
chofe très - défirable pour les
Sciences ; & où peut-on s'attendre de trouver cet enthoufiafme
noble & pur, pour de pareilles
découvertes, fi ce n'eft parmi
des Philofophes, gens qui ne
font conduits, ni par des motifs
de politique, ni par ceux d'intérêt ? Eftimons-nous heureux,
fi les Princes ne mettent point
d'obftacles à de tels deffeins.
Qu'ils combattent pour les Pays

b iv

déja découverts ; que les Négociants se disputent les avantages
qu'on en peut tirer. Ce sera un
bonheur pour les Philosophes ,
si le théâtre de la Guerre est fort
éloigné du théâtre de la Science ; & l'on aura de nouvelles
occasions de faire briller le génie dans le commerce , si l'on
abandonne le vieux chemin bat-
tu , si l'on détruit l'ancien systême de trafic pour faire place
à des plans de commerce nouveaux & plus étendus. Je félici-
te la race actuelle des Philosophes , de ce que fait à cet égard
la Cour d'Angleterre ; car quelles que soient les vues qu'elle se
propose , dans les expéditions
que l'on fait dans les mers du
Sud , elles ne peuvent qu'être
favorables à la Philosophie.

La Physique est une science
qui demande plus particuliérement le secours des riches-

fes. Beaucoup d'autres n'exigent d'un homme que ce que fes réflexions peuvent lui fournir. Ceux qui les cultivent trouvent au-dedans deux-mêmes, tout ce dont ils ont befoin ; mais la Phyfique expérimentale n'eft pas fi indépendante. La nature ne peut être dérangée de fa route, & ne fouffre pas qu'on la mette dans cette variété de fituations qu'exige la Phyfique pour découvrir fa puiffance furprenante, fans peine & fans dépenfe. Auffi cette fcience ne peut pas être dans un état floriffant fans la protection des Grands. D'autres peuvent former de grands projets, eux feuls ont le pouvoir de les mettre à exécution.

D'ailleurs il y a des claffes de gens plus élévés, qui font les plus intéreffés à l'extenfion de toutes fortes de connoiffances

b v

naturelles, comme étant plus à portée de profiter des nouvelles découvertes qui contribuent au bonheur & à l'agrément de la vie humaine. Presque tous ces agrémens font le produit de ces Arts, qui n'auroient jamais exifté fans la Phyfique, & qui fe perfectionnent de jour en jour en puifant dans la même fource. Ces fciences ont donc naturellement le droit de réclamer la protection des Grands & des riches; & il eft évident qu'il eft de leur intérêt de ne pas fouffrir qu'on fufpende des recherches qui promettent du fuccès, faute des moyens de les pourfuivre.

Mais on doit fuppofer que les gens d'un plus haut rang, font attachés aux fciences par d'autres motifs que ceux de l'intérêt perfonnel, par des motifs plus élevés, & qui partent d'une

bienveillance plus étendue. C'eſt
à la Phyſique que ſont dues toutes ces grandes inventions, qui
mettent les hommes en général,
en état de ſubſiſter plus aiſément, & en plus grand nombre ſur la ſurface de la terre.
Delà viennent les grands avantages des hommes ſur les bru-
tes, & des nations civiliſées ſur
les Barbares. C'eſt auſſi par le
moyen de cette ſcience, que les
vues de l'eſprit humain ſe ſont
étendues; & que notre propre
nature a été anoblie & perfec-
tionnée. C'eſt donc pour l'honneur de l'eſpece humaine, que
ces ſciences doivent être culti-
vées avec la plus grande attention.

Et de qui doit-on attendre
ces vues étendues, & qui com-
prennent de ſi grands objets; ſi
ce n'eſt de ceux que la providence a élévés au-deſſus du reſ-

te des humains ? Exempts de la
plupart des soins qui sont particuliers aux autres individus, ils
doivent embrasser les intérêts
de l'espece entiere, compatir
aux besoins des hommes, &
s'intéresser à soutenir la dignité
de la nature humaine.

Je me flatte avec plaisir de
l'espoir, que bientôt nous verrons ces motifs opérer d'une
maniere plus étendue, qu'ils
n'ont fait jusqu'ici : que l'exemple d'un petit nombre donnera
à beaucoup d'autres, du goût
pour la Physique, lequel opérera le plus efficacement pour
l'avantage de la science & du
monde ; & que les recherches
Philosophiques en tout genre, feront dorénavant suivies avec plus
de zèle & de succès que jamais.

Si je voulois suivre cet objet,
il me conduiroit trop au-delà
des bornes raisonnables d'une

Préface. Je finirai donc par faire connoître les fentiments qui doivent tenir la premiere place dans l'efprit de tout Philofophe, quel que foit l'objet immédiat de fon étude ; favoir , que la fpéculation n'eſt utile qu'autant qu'elle conduit à la *Pratique* ; que l'utilité immédiate de la Phyfique, eſt le pouvoir qu'elle nous donne fur la nature , au moyen de la connoiffance que nous acquérons de fes loix ; ce qui fait le bonheur & la fatisfaction de la vie humaine : mais que le plus grand & le plus noble ufage des fpéculations Philofophiques eſt de régler notre cœur , & de nous fournir l'occafion de nous inculquer dans l'efprit des fentiments de piété & de bienfaifance.

Un Philofophe doit être plus grand & meilleur qu'un autre

homme. La contemplation des
ouvrages de Dieu doit donner
de la fublimité à fa vertu, &
de l'étendue à fa bienveillance ;
éteindre tout ce qu'il y de bas,
de vil & d'intéreffé dans fa nature ; donner de la dignité à tous
fes fentiments ; & lui enfeigner
à afpirer aux perfections mora-
les du grand Auteur de toutes
chofes. Que les Philofophes feroient des Etres grands & élevés, fi les objets qu'ils médi-
tent, produifoient dans leurs
efprits l'effet moral qui leur
eft propre ! Une vie paffée à
contempler les productions de
la puiffance, de la fageffe & de
la bonté Divine, feroit vraiment une vie dévote. Plus nous
connoiffons la ftructure mer-
veilleufe du monde, & les loix
de la nature, plus nous com-
prenons clairement leurs ufages
admirables, pour faire le bon-

heur de tout être créé, capable de perceptions. Un pareil sentiment ne peut manquer de remplir le cœur d'un amour, d'une reconnoissance, & d'une satisfaction sans bornes.

Il n'y a pas même jusqu'aux choses pénibles & désagréables qui se rencontrent dans le monde, qui après un examen plus exact, ne paroissent à un Philosophe très-bien ordonnées, comme un reméde à un plus grand mal, ou comme un moyen nécessaire pour obtenir un bonheur beaucoup plus grand ; de sorte que de ce point de vue élevé, il voit toutes les peines & tous les maux passagers s'évanouir, dans l'attente glorieuse d'un plus grand bien, auquel ils servent d'échelons pour y parvenir. Par-là il est excité à révérer Dieu, & à se réjouir en lui, non-seulement à la clar-

té du soleil ; mais encore dans
les ombres les plus obſcures de
la nature : au lieu que les ames
vulgaires ſont ſujettes à ſe dé-
courager à la moindre apparence de mal.

L'exercice de la piété ne nous
eſt pas ſeulement utile comme
hommes ; il nous eſt encore
avantageux comme Philoſophes,
& comme la vraie Philoſophie
excite à la piété, réciproque-
ment une piété généreuſe &
mâle, eſt utile à la Philoſophie,
d'une maniere ſoit directe,
ſoit indirecte. Tant que nous
ne perdons point de vue la
grande cauſe finale de toutes
les parties, & de toutes les loix
de la nature, nous avons le fil
par lequel nous remontons à la
cauſe efficiente. Il n'eſt nulle
part plus viſible que dans cette
partie de la Philoſophie, qui regarde la création des animaux;

comme l'obferve le célébre Docteur Hartley ; » puifque ce mon-
» de eft un fyftême de bienveil-
» lance , & que conféquemment
» fon Auteur eft l'objet d'un
» amour & d'une adoration fans
» bornes , la bienveillance &
» la piété font les feuls vérita-
» bles guides que nous devons
» fuivre dans les recherches que
» nous y faifons , les feules
» clefs qui ouvrent les myfteres
» de la nature , & les fils qui
» conduifent dans fes labyrin-
» thes. Toutes les branches de
» l'hiftoire Naturelle & de la
» Phyfique , nous en fournif-
» fent des exemples innombra-
» bles. Dans toutes ces recher-
» ches , le Philofophe doit re-
» garder d'abord comme accor-
» dé, que tout eft bien ; & le
» mieux qu'il puiffe être dans
» l'état préfent des chofes ; c'eft-
» à-dire, qu'il doit, avec une

» pieufe confiance , tendre à là
» bienveillance ; par - là il fera
» toujours dirigé dans la bonne
» route ; & après y avoir perfé-
» véré quelque temps , il arri-
» vera à quelque vérité nouvelle
» & importante ; au lieu que
» tout autre motif d'examen ,
» étant étranger au grand plan
» fur lequel l'univers eft conf-
» truit , doit néceffairement
» conduire dans des labyrinthes,
» des erreurs & des incertitu-
» des fans fin (*a*).

A l'égard de l'utilité indirecte de la piété, on doit obferver que la tranquillité & la
fatisfaction d'ame, qui réfulte
de la dévotion, rend très-pro-
pre aux recherches Philofophiques, & tend en même-temps

(*a*) Hartley's , obfervations on man.
vol. 2 , pag. 245.

à les rendre plus agréables & plus fructueuses. Les sentiments de religion & de piété, tendent à guérir l'ame de l'envie, de la jalousie, de la vaine gloire, & de toutes les autres passions basses, qui dégradent les amateurs des sciences, & en retardent les progrès en donnant à l'esprit des penchants désordonnés, & l'empêchent de suivre tranquillement la vérité.

Enfin, on doit se ressouvenir que le goût pour les sciences, tout agréable & même honorable qu'il soit, n'est pas une de nos passions les plus fortes, & que les plaisirs qu'il procure, ne sont que d'un degré au-dessus de ceux des sens; & par conséquent qu'il faut nécessairement mettre de la modération dans toutes les recherches Philosophiques. Outre les devoirs qu'on a à remplir, chacun dans son état , devoirs qu'on doit toujours regarder comme sacrés & inviolables , il faut encore remplir les devoirs de la piété , de l'amitié , & de beaucoup d'autres choses qui nous appellent , & doivent être préférés au plaisir de l'étude. La plupart des hommes n'ont donc qu'une petite portion de leur loisir qu'il leur soit permis de donner à l'étude des sciences ; mais cette portion est plus ou moins grande suivant l'état d'un homme , ses talents naturels , & les commodités qu'il a de poursuivre ses recherches.

Je finirai par un autre passage du Docteur Hartley , qui revient à ce sujet ». Quoique la » recherche de la vérité soit un » amusement & une occupation » qui conviennent à notre na- » ture raisonnable , & un dé- » voir envers celui qui est la

» fource de toutes connoiffan-
» ces & vérités , nous devons
» cependant y mettre des inter-
» valles & des interruptions fré-
» quentes ; autrement l'étude
» des fciences , entreprife fans
» avoir toujours en vue Dieu &
» nos devoirs , & par un vain
» defir d'être applaudi , pren-
» dra poffeffion de nos cœurs,
» les remplira entiérement , &
» y jettant des racines plus pro-
» fondes que ne fait le goût des
» vains amufements , deviendra
» à la longue, un mal beaucoup
» plus dangereux & plus diffi-
» cile à extirper. Rien n'eft au-
» deffus de la vanité, de l'opi-
» nion de foi-même, de la pré-
» fomption, de la jaloufie &
» de l'envie, que l'on rencontre
» dans les plus célebres Profef-
» feurs des fciences, des Ma-
» thématiques , de Phyfique, &
» même de Théologie. La mo-

» dération eft donc effentielle-
» ment néceffaire dans ces étu-
» des, foit pour arrêter les pro-
» grès de ces paffions blâma-
» bles, foit pour avoir le temps
» de remplir nos autres devoirs
» effentiels. Il en eft de ces
» plaifirs comme des plaifirs des
» fens ; nos appétis ne doivent
» pas être la mefure avec la-
» quelle nous nous y livrons ;
» mais nous devons tout rap-
» porter à une régle plus élevée.

» Quand on eft dirigé dans la
» pourfuite de la vérité, par
» cette regle fupérieure, &
» qu'on fe propofe la gloire de
» Dieu & le bien du genre hu-
» main, il n'y a point d'occu-
» pation plus digne de notre na-
» ture, ni qui contribue davan-
» tage à la purifier & la perfec-
» tionner (*a*).

_____

(*a*) Hartley's, obfervations on man. vol.
2, pag. 255, &c.

E R R A T A.

T O M E   P R E M I E R.

PAGE 3, *ligne* 13, l'Electricité, *lifez*, Electricité

   9   25, avoit, *lifez*, avoient

  12   19, rapportent, *lifez*, rapporte

  51   18, de tube, *lifez*, du tube

217   11, de métal, *lifez*, du métal

301   20, appliquât, *lifez*, appliquoit

334   9, caufent, *lifez*, caufe

340   2, qui le *lifez*, qu'elle

389   17, en la, *lifez*, en le

AVIS
AU RÉLIEUR.

Il faut placer la Planche A à la fin du Tome II, & toutes les autres Planches doivent être placées à la fin du Tome III, de maniere qu'en s'ouvrant elles puissent sortir entierement du livre, & se voir à droite.

HISTOIRE

DE

L'ÉLECTRICITÉ.

PREMIERE PARTIE.

PÉRIODE I.

EXPÉRIENCES & découvertes en Electricité, antérieures à celles de M. HAWKESBÉE.

L'HISTOIRE de la Philofophie ne contient aucune obfervation plus ancienne que celle-ci ; favoir, que l'ambre jaune, lorfqu'il eft frotté, a le pouvoir d'attirer des corps lé-

gers. Thales de Milete , pere de la
Philofophie Ionienne , qui floriſſoit
environ 600 ans avant Jéſus-Chriſt ,
fut ſi frappé de cette propriété de
l'ambre , qu'il imagina qu'il étoit
añimé. Mais le premier Ecrivain qui
ait fait une mention expreſſe de cette
ſubſtance , eſt Théophraſtes , qui floriſſoit environ 300 ans avant J. C. Il
dit , dans ſon ouvrage ſur les Pierres précieuſes , ſect. 53 , que l'ambre a la propriété d'attirer les corps
légers , de même que le *Lyncurium*,
qui , dit-il , attire non-ſeulement les
pailles & les petits morceaux de bois ,
mais même les fragments minces de
cuivre & de fer. Ce qu'il dit de
plus du *Lyncurium* , ſera rapporté à
l'article de la *Tourmaline* , que le
Docteur Watſon a , en quelque maniere , prouvé être la même ſubſtance.

Du mot πλεκτρον , nom grec de
l'ambre , eſt dérivé le terme Electricité , qui ſignifie maintenant ,
non-ſeulement le pouvoir qu'a l'ambre , d'attirer les corps légers ; mais
auſſi toutes les autres propriétés des
corps électriques , en quelques corps
qu'on les ſuppoſe réſider , ou à quel-

ques corps qu'elles puiffent être communiquées.

Pline, & d'autres Naturaliftes
après lui, particulierement Gaffendi,
Kenelm Digby, & Mr. Thomas
Brown, ont, comme en paffant, fait
mention de la nature attractive de
l'ambre; mais, fi l'on excepte l'Electricité de la fubftance appellée *Jaiet*,
découverte qui a été faite depuis
peu (quoique j'ignore quel en eft
l'Auteur,) on ne fit aucuns progrès
en l'Electricité, jufqu'au temps ou
cette matiere fut entreprife par Guil-
laume Gilbert, natif de Colchefter,
Médecin à Londres, qui, dans fon
excellent traité Latin de l'*Aimant*,
rapporte une grande variété d'expériences électriques. En confidérant le
temps dans lequel cet Auteur a écrit,
& combien peu on avoit de connoiffances de cette matiere avant
lui, fes découvertes peuvent être re-
gardées comme confidérables, quoiqu'elles paroiffent peu de chofe, lorfqu'on les compare à celles qu'on a
faites depuis.

Il a beaucoup augmenté la lifte
des corps électriques, comme aufli

de ceux fur lefquels les corps électriques peuvent agir, & il a remarqué avec foin plufieurs circonftances
importantes, relativement à leur maniere d'agir, quoique fa théorie de
l'Electricité fût fort imparfaite, comme on pouvoit s'y attendre.

L'ambre & le jaiet étoient, comme je l'ai obfervé ci-deffus, les feules fubftances auxquelles on connût
avant ce temps-là, la propriété d'attirer les corps légers, lorfqu'elles
étoient frottées; mais il a trouvé la
même propriété dans le *Diamant*, le
Saphir, le *Rubis*, l'*Améthyfte*, l'*Opale*,
la *Pierre de Briftol*, l'*Aigue-Marine*,
& le *Criftal*. Il obferve auffi, que le
Verre, fur-tout celui qui eft clair &
tranfparent, a la même propriété,
ainfi que toutes les matieres vitri-
fiées, le *verre d'Antimoine*, la plupart des *fubftances fpateufes*, & les
Bélemnites. Enfin, il termine fon catalogue des fubftances électriques,
par le *Soufre*, le *Maftic*, la *Gomme
lacque*, teinte de différentes couleurs,
la *Réfine folide*, le *Sel-Gemme*, le *Talc*
& l'*Alun de Roche*. La Réfine,
dit-il, ne poffédoit cette propriété

que dans un petit degré, & les trois dernieres fubftances dont on a fait mention, feulement lorfque l'air étoit clair & exempt d'humidité.

Il obferve que toutes ces fubftances attiroient, non-feulement les pailles, mais tous les métaux, toutes les efpeces de bois, de pierres, de terres, d'eaux, d'huiles, en un mot, tout ce qui eft folide, & l'objet de nos fens. Mais il imaginoit que l'air, la flamme, les corps embrafés, & toutes les matieres extrêmement raréfiées n'étoient pas fujettes à cette attraction. Il a trouvé que la fumée épaiffe étoit attirée très-fenfiblement; mais que celle qui étoit légere, l'étoit fort peu.

Le frottement, dit-il, eft en général, néceffaire, pour exciter la vertu de ces fubftances; quoi qu'il eût, dit-il, un morceau d'ambre grand & poli, qui agiffoit fans avoir été frotté. Mais il eft probable qu'il s'eft trompé à cet égard. Il a obfervé que le frottement le plus efficace eft celui qui eft vif & léger; & il s'eft apperçu que les apparences électriques étoient les plus fortes, lorfque

l'air étoit sec, & que le vent souf-
floit du Nord ou de l'Est ; auquel
temps les substances électriques, dit-
il , agissoient encore dix minutes
après avoir été excitées. Mais il dit
qu'un air humide ou un vent de Sud
annéantit presque la vertu électrique. Il a aussi observé le même effet par l'interposition de l'humidité,
de quelque genre qu'elle fût , comme par celle de la respiration & de
plusieurs autres substances ; mais non
pas toujours par l'interposition d'un
taffetas mince. Il dit que l'huile pu-
re & légere , jettée par aspersion sur
les corps électriques , après qu'on les
a frottés , n'a point empêché leur
vertu ; mais que l'eau-de-vie ou l'esprit-de-vin l'a fait. Il dit aussi, que
le cristal , le talc , le verre , &
tous les autres corps électriques , ont
perdu leur vertu , lorsqu'on les a
fortement chauffés ; mais c'est une
méprise. La chaleur du Soleil , ras-
semblée par le moyen d'un miroir
ardent , est, dit-il , si éloignée d'exciter l'ambre & les autres corps électriques, qu'elle diminue leur vertu;
quoique, lorsque les corps électri-

ques ont été excités, ils retiennent leur vertu plus long-temps à la clarté du soleil qu'à l'ombre.

La plupart des expériences de cet Auteur, ont été faites avec de longues pieces minces de métal & d'autres fubftances, fufpendues librement fur leurs centres, comme des aiguilles de bouffoles, aux extrémités defquelles il préfentoit les corps électriques qu'il avoit excités. Ses expériences fur l'eau, ont été faites en préfentant au corps électrifé une goutte d'eau arrondie fur une fubftance feche : & il eft à remarquer qu'il a obfervé aux gouttes électrifées la même figure conique, que M. Grey a découvert dans la fuite; ce qui fera rapporté plus au long dans fon lieu & place. M. Gilbert a conclu que l'air n'étoit pas affecté par l'attraction électrique, parce que la flamme d'une chandelle ne l'étoit pas ; car la flamme, dit-il, eût été troublée, fi l'air lui eût donné le plus petit mouvement.

M. Gilbert, a imaginé que l'attraction électrique étoit produite de la même maniere, que l'attraction de

cohéfion. Il a obfervé que deux gouttes d'eau fe jettent l'une fur l'autre
avec force, lorfqu'elles font en contact; & les corps électriques font, dit-
il, virtuellement en contact avec les
corps fur lefquels ils agiffent, au
moyen de leurs émanations excitées
par le frottement.

Entre-autres différences, entre l'attraction électrique & l'attraction
magnétique, dont quelques-unes font
très-juftes, & d'autres affez imagi-
naires, il dit que les corps magnétiques fe portent mutuellement l'un
vers l'autre; au lieu que dans l'attraction électrique, il n'y a que le
corps électrique qui agiffe. Il obferve auffi particuliérement que dans
le magnétifme, il y a attraction &
répulfion; mais que dans l'électricité, il n'y a que la premiere, & jamais la derniere (a) [1].

_____

(a) Gilbert _de Magnete_, _lib._ 2., _cap._ 2.

☞ [1] Il faut que M. Gilbert ait fait fes
expériences bien en petit, pour n'avoir pas
remarqué la répulfion Electrique, que l'on
peut voir dans toutes les expériences, & par
où il arrive fouvent qu'elles commencent.

Telles font les découvertes de notre compatriote Gilbert, qu'on peut à jufte titre appeller le pere de l'électricité moderne, quoiqu'il foit vrai qu'il l'ait laiffée tout à fait dans l'enfance.

François Bacon, dans fes Mélanges Phyfiologiques, donne un catalogue des corps attirables & non attirables; mais il ne differe en rien qui mérite d'être rapporté de celui qu'a donné Gilbert, & il ne paroît avoir fait fur cette matiere aucunes obfervations, qui lui foient propres.

Ces phénomenes remarquables, relativement à l'ambre & aux autres fubftances électriques, n'échapperent pas à l'attention de l'ingénieux M. Boyle, qui floriffoit vers l'an 1670. Il fit quelque addition au catalogue des fubftances électriques, & remarqua quelques circonftances, relativement à l'attraction électrique, qui avoit échappé à l'obfervation des Phyficiens qui vivoient avant lui.

Il trouva que la maffe folide qui demeure après l'évaporation d'une bonne térébenthine, étoit Electri-

A v

que, ainsi que la masse solide, qui
demeure après la distillation de l'huile de petrole avec l'esprit de nitre,
le verre de plomb, le *caput mortuum*
de l'ambre, & la cornaline ; mais il
ne put pas trouver cette propriété
dans l'émeraude ; il pensa bien que
le verre la possédoit, mais dans un
très-petit degré.

Il s'apperçut qu'on augmentoit l'E-
lectricité de tous les corps qui en
étoient susceptibles, en les nétoyant,
& les chauffant, avant de les frotter.
Moyennant quoi il vint à bout de
faire mouvoir une aiguille d'acier,
suspendue librement, avec un corps
électrique, pas plus gros qu'un pois,
trois minutes après qu'il eut cessé de
le frotter. Il s'apperçut aussi qu'il
étoit à propos que les corps électriques eussent des surfaces très-polies ;
il en excepte portant un diamant,
sur lequel il fit quelques expériences,
qui, quoiqu'il fût raboteux, possédoit, dit-il, une plus grande vertu
électrique, qu'aucun corps poli qu'il
eût rencontré.

Il observa que les corps électrisés,
attiroient toutes sortes de corps in-

distinctement, soit qu'ils fuffent électriques ou non : que l'ambre frotté ,
par exemple , attiroit & la pouffiere d'ambre , & de petits morceaux
de la même fubftance ; différant ,
comme il le remarque, de la propriété de l'aimant qui agit feulement
fur une efpece de matiere. Il s'apperçut que ces corps électriques attiroient la fumée très-aifément , & il
fe donna beaucoup de peine pour
prouver qu'ils ne pouvoient pas attirer fenfiblement la flamme , que
Gilbert avoit mis hors de la lifte des
corps attirés par l'Electricité.

Il trouva que ces attractions ne
dépendoient pas de l'air ; car il obferva qu'elles avoient lieu dans le
vuide. Il fufpendit un morceau d'ambre frotté au-deffus d'un corps léger
dans un récipient ; & il vit que , lorfqu'on eut fait le vuide , & que l'ambre fut defcendu auprès du corps léger , ce dernier fut attiré , comme
s'il eût été en plein air (a).

M. Boyle, fit une expérience pour
éprouver fi d'autres corps agiffoient

(a) Hiftoire de l'Electricité , pag. 6.

A vj

sur un corps actuellement électrisé, aussi fortement qu'il agissoit sur eux, & elle réussit. Car, ayant suspendu son corps Electrisé, il vit qu'il étoit mû sensiblement par l'approche de quelqu'autre corps. Nous serions maintenant surpris qu'on n'eût pas conclu *à priori*, que si un corps électrique attiroit d'autres corps, il devoit aussi en être attiré, l'action de l'un étant ordinairement égale à la réaction de l'autre. Mais il faut considérer, que cet axiome n'étoit pas aussi bien connu du temps de M. Boyle, ni même jusqu'à celui où il fut ensuite développé dans toute son étendue par M. Isaac Newton (a).

Nous voyons que ce petit nombre d'expériences de M. Boyle, se rapportent seulement à un petit nombre de circonstances relatives à la simple propriété de l'attraction électrique. Les plus grands progrès qu'il ait faits dans la découverte de la répulsion électrique, fut d'avoir observé que les corps légers, comme les plumes, &c. s'attachoient à ses doigts & à

____

(a) Boyle's Mechanical production of Electricity.

d'autres fubftances , après qu'ils
avoient été attirés par fes corps électriques. Il n'a jamais vu la lumiere
électrique , & il n'imaginoit guere
quels effets furprenants le même
pouvoir produiroit dans la fuite , &
quel vafte champ il ouvroit pour l'ave-
nir aux fpéculations Philofophiques.

La théorie de M. Boyle , fur l'attraction Electrique, étoit que le corps
Electrique lançoit une émanation
glutineufe, qui fe faififfoit des petits corps dans fa route, & les rap-
portoit avec elle dans fon retour au
corps d'où elle partoit. Un certain
Jacques Hartman , dont l'écrit fur
l'ambre, a été publié dans les tranfactions Philofophiques (a), a prétendu prouver par expérience , que l'attraction électrique étoit effective-
ment produite par l'émiffion de particules glutineufes. Il prit deux fubftances électriques ; favoir , deux
morceaux de colophone , dont il en
réduifit un par la diftillation , à la
confiftance d'un onguent noir , & le
priva, par-là, de fon pouvoir attrac-

_____

(a) Abridgment, vol. 2, pag. 473.

tif. Il dit que celui qui ne fut pas diftil-
lé, retint fa fubftance onctueufe, au
lieu que l'autre iut réduit, par la
diftillation, à un vrai *Caput mortuum*,
& ne retint pas la moindre chofe
de fa fubftance bitumineufe. En conféquence de cette hypothefe, il penfe que l'ambre attire les corps légers
plus puiffamment que ne le font les
autres fubftances, parce qu'il fournit plus abondamment qu'elles, des
émanations onctueufes & ténaces.

Le contemporain de M. Boyle,
fut Otto de Guericke, Bourguemef-
tre de Magdebourg, & célebre inventeur de la Machine pneumatique, qui a pareillement droit de
prétendre à une place diftinguée parmi ceux qui ont les premiers fait des
progrès en Electricité.

Ce Phyficien fit fes expériences avec
un globe de foufre, qu'il conftruifit
en faifant fondre cette fubftance dans
un globe de verre creux, & caffant
enfuite le verre pour en tirer le globe de foufre. Il infinua que le globe de verre lui-même, avec ou fans
le foufre, auroit auffi bien répondu
à fon projet. Il montra ce globe de

foufre fur un axe, & le fit tourner dans un chaffis de bois, en le frottant en même temps avec fa main, & par ce moyen il exécuta toutes les expériences électriques qui étoient connues avant lui.

Ce fut lui qui découvrit qu'un corps, une fois attiré par un corps électrifé, en étoit enfuite repouffé, & qu'il n'en étoit plus attiré de nouveau, jufqu'à ce qu'il eût été touché par quelqu'autre corps. De cette maniere, il foutint pendant long-temps une plume fufpendue en l'air au-deffus de fon globe de foufre; mais il obferva que, s'il en approchoit un fil de lin, ou la flamme d'une chandelle, elle retournoit dans l'inftant au globe; fans avoir touché aucun corps fenfible.

Ni le bruit, ni la lumiere produits par fon globe frotté, n'échapperent à la remarque de ce Philofophe exact, quoiqu'il ne paroît pas les avoir obfervés dans un très haut degré; car il étoit obligé de tenir fon oreille proche le globe pour s'appercevoir du bruiffement du feu électrique, & il compare la lumiere qu'il

donnoit dans les mêmes circonstances, à celle que l'on voit, lorfqu'on
broie du fucre dans l'obfcurité.

Mais il y a deux des expériences
des plus remarquables de ce Phyficien, qui dépendent d'une propriété
du fluide électrique, qui n'a été
connue que depuis peu d'années; favoir, que les corps plongés dans les
atmofpheres électriques, font eux-
mêmes électrifés, & d'une Electricité oppofée à celle de l'atmofphere [2]. Il obferva que des fils fufpendus à une petite diftance de fon
globe frotté, étoient fouvent repouffés par fon doigt qu'il en approchoit, & qu'une plume, repouffée par le globe, lui préfentoit toujours la même face, comme le fait
la lune à l'égard de la terre. Cette
derniere expérience paroît avoir été
entiérement méprifée par les Electriciens modernes, quoiqu'elle en foit
une très-curieufe, & qu'on puiffe la
faire fi aifément (a).

_____

(a) *Experimenta Magdeburgica*, *lib.* 4, *c.* 15.
☞ [2] Nous verrons ci-après, fi la diftinction de ces deux Electricités différentes, eft
réelle ou imaginaire.

Le Docteur Wall a observé une beaucoup plus belle apparence de lumiere électrique, que celle que produisoit le globe de soufre, d'Otto de Guericke. Ce qu'il en a écrit a été publié dans les transactions Philosophiques (a).

En faisant des expériences sur le Phosphore artificiel, qu'il regardoit comme une huile animale coagulée par un acide minéral; il soupçonna que l'ambre, qu'il supposoit être une huile minérale coagulée par un acide volatil minéral, pouvoit être un Phosphore naturel. Et dans cette vue il commença à faire là-dessus des expériences, dont le résultat étant très-curieux, sera plus agréable à mes lecteurs, en le rendant dans les propres termes de l'observateur.

« Je m'apperçus, dit-il, qu'en » frottant doucement avec ma main » dans l'obscurité, un morceau d'am- » bre bien poli, il produisoit de la » lumiere; sur quoi je pris un assez » grand morceau d'ambre, que je » rendis long & conique, & en le

(a) Abridgment, vol. 2, p. 275.

» traînant doucement au travers de
» ma main, qui étoit très seche, il
» fournit une lumiere considérable.

    » Je fis alors usage de plusieurs
» sortes de substances animales pour
» frotter l'ambre , & je trouvai
» qu'aucune ne faisoit aussi bien que
» la laine. Dès-lors de nouveaux
» phénomenes s'offrirent d'eux - mê-
» mes. Car en frottant rapidement
» le morceau d'ambre avec du drap ,
» & en le serrant assez fortement
» avec ma main , on entendit un
» nombre prodigieux de petits cra-
» quements , & chacun d'eux pro-
» duisit un petit éclat de lumiere ;
» mais lorsqu'on frotta l'ambre dou-
» cement & légérement avec le drap,
» il produisit seulement de la lumiere,
» & point de craquement. Si quel-
» qu'un présentoit le doigt à une
» petite distance de l'ambre, on en-
» tendoit un grand craquement , sui-
» vi d'un grand éclat de lumiere. Ce
» qui me surprend beaucoup en cette
» éruption ; c'est qu'elle frappe le
» doigt très-sensiblement , & y cau-
» se une impression de vent , à quel-
» que endroit qu'on le présente. Le

» craquement eſt auſſi fort que celui
» d'un charbon ſur le feu , & une
» ſeule friction produit cinq ou ſix
» craquements , ou plus, ſuivant la
» promptitude avec laquelle on place
» le doigt , dont chacun eſt toujours
» ſuivi de lumiere. Maintenant je ne
» doute pas qu'en ſe ſervant d'un
» morceau d'ambre plus long & plus
» gros, les craquements & la lumie-
» re ne fuſſent l'un & l'autre beau-
» coup plus grands. Cette lumiere &
» ce craquement paroiſſent en quel-
» que façon repréſenter le tonnere &
» l'éclair.

Après avoir rendu compte de cette expérience, il dit que ſon opinion eſt, que tous, ou du moins la
plupart des corps qui ſont actuellement électriques, donnent de la lumiere , & que c'eſt la lumiere qui
eſt la cauſe de leur état électrique.
Il s'eſt apperçû qu'on pouvoit auſſi
produire de la lumiere en frottant
le jayet, la cire à cacheter rouge ,
faite de gomme laque & de cin-
nabre , & le diamant. Il imagina auſſi
qu'il pourroit diſtinguer , par cette

épreuve , les diamants vrais d'avec les faux.

Malgré que le Docteur Wall ait fait cette belle découverte ; favoir, que la lumiere provient de l'ambre & des autres corps électriques, (car il ne paroît pas avoir vu ce qu'a écrit Otto de Guericke) ; on voit qu'il a travaillé là-deſſus avec beau-coup de confuſion & de mal-enten-du. Il dit qu'une choſe lui a paru étrange dans le cours de ſes expé-riences ; ſavoir, que quoiqu'en frot-tant avec la laine , les craquements paruſſent au jour être auſſi nom-breux & auſſi grands ; cependant par les épreuves qu'il a faites dans l'obſcurité , il n'a paru qu'une très-petite lumiere. Il dit que le meilleur temps pour faire ces expériences, eſt lorſque le ſoleil eſt à 18 degrés au-deſſous de l'horiſon ; & que , lorſque le ſoleil étoit auſſi bas, quoique la lune répandît une lumiere éclatante, la lumiere électrique étoit la même que dans une chambre très-obſcure ; ce qui l'a engagé à l'appeller *Noc-tiluca.*

Il faut remarquer que le Docteur Wall, compare la lumiere & le craquement de fon ambre, au tonnerre & à l'éclair; on avoit donc obfervé dès-lors une fimilitude entre les effets de l'Electricité & ceux de la foudre. Mais on n'avoit pas imaginé que leur reffemblance s'étendît plus loin qu'aux apparences dans les effets. Il étoit refervé au Docteur Franklin de découvrir, dans un temps beaucoup poftérieur, que la caufe étoit la même dans l'un & dans l'autre [3].

☞ [3] Cette parfaite fimilitude entre les effets de l'Electricité & ceux du tonnerre, avoit été annoncée bien long-temps auparavant le Docteur Francklin. M. l'Abbé Nollet l'avoit fait dès 1748, dans fes *Leçons de Phyfique expérimentale*, tom. 4, pag. 314. Il eft vrai qu'il n'appuye fon opinion d'aucune expérience, & qu'il ne l'annonce même que comme un foupçon, mais comme un foupçon fondé fur de très-bonnes raifons, & énoncé affez clairement pour mettre fur la voie les gens inftruits. Il eft très-probable que M. Francklin, avoit vu les ouvrages de M. l'Abbé Nollet, quoiqu'il ne le dife pas dans le fien. Lorfqu'on travaille fur une matiere, on ne manque pas de fe procurer les livres qui en traitent.

Quoique le Grand Isaac Newton n'ait nullement droit de prétendre à une place dans l'histoire de l'Electricité, il a cependant fait quelques observations électriques, qui ont mérité l'attention des Physiciens, & qui, quoiqu'elles n'eussent pas été faites par un aussi grand homme, mériteroient d'être transmises à la postérité. Elles paroissent prouver qu'il a été le premier qui ait observé que le verre électrisé attiroit les corps légers par le côté opposé à celui sur lequel il étoit frotté.

Ayant placé au-dessus d'une table, dans un anneau de cuivre, un morceau de verre rond, d'environ deux pouces de diametre, ensorte que le verre étoit à un huitieme de pouce de la table, & là l'ayant frotté vivement, les petits fragments de papier, qui étoient placés sur la table, au-dessous du verre, commencerent à être attirés & à se mouvoir de côté & d'autre avec agilité.

Après qu'il eut frotté le verre, les fragments de papier continuerent de se mouvoir de différentes manieres pendant un temps considérable, tantôt fautant au verre, & y reftant un certain temps, tantôt defcendant vers la table pour y demeurer auffi quelque temps, enfuite montant & defcendant de nouveau, & cela quelquefois en lignes fenfiblement perpendiculaires à la table, quelquefois en lignes obliques; quelquefois auffi montant dans une courbe, & defcendant dans une autre, fouvent fans qu'il y eût un intervalle fenfible entre ces mouvements; quelquefois fautant d'une partie du verre à l'autre, en décrivant un demicercle, fans toucher la table, & quelquefois pendant par un angle, tournant ainfi fouvent avec beaucoup d'agilité, comme s'ils euffent été tranfportés au milieu d'un tourbillon de vent; de forte que chaque fragment de papier avoit un mouvement différent. En gliffant fon doigt fur le côté fupérieur du verre, quoique ni le verre ni l'air qui étoit deffous ne fuffent agités, il obferva cependant que les papiers, felon qu'ils pendoient au deffous du verre, recevoient quelque nouveau mouvement, s'inclinant de côté & d'autre , fuivant qu'il mouvoit fon doigt.

Quelques uns de ces mouvements , comme celui de pendre par un angle & de tourner fur foi-même , & celui de fauter d'un point du verre à l'autre , fans toucher la table , n'arrivoient que rarement ; mais cela fit , dit il , qu'il les remarqua davantage (*a*).

Newton envoya le détail de cette expérience à la Société royale, en l'année 1675 , défirant qu'elle en fît l'effai. Après quelques tentatives inutiles , & ayant reçu des inftructions ultérieures fur la maniere de la faire , elle réuffit enfin , & la Société royale lui en fit des remerciements authentiques (*b*).

Ayant répété l'expérience avec quelque variété dans les circonftances, Newton obferve qu'on l'altere, en frottant différemment , ou avec différentes chofes. Il frotta une fois un verre de quatre pouces,

---

(*a*) Birch's Hift. of The R. Society , vol. 3 , pag. 260 , &c.
(*b*) Ibid. pag. 271.

de

de large, & d'un quart de pouce d'épaiſſeur, avec une ſerviette, deux fois autant qu'il avoit coutume de le faire avec ſon habit, &. rien ne remua, & cependant incontinent après, l'ayant frotté avec quelqu'autre choſe, le mouvement commença bientôt. Il penſa qu'après que le verre avoit été beaucoup frotté, les mouvements n'étoient pas d'une ſi longue durée, & le jour ſuivant, il trouva les mouvements plus foibles & plus difficiles à exciter qu'auparavant (a).

Newton fait auſſi mention de l'Electricité en deux queſtions annéxées à ſon traité d'Optique, qui nous apprennent qu'il a imaginé que les corps électriques, lorſqu'ils étoient excités, lançoient un fluide élaſtique, qui pénétroit librement le verre, & que cette émiſſion étoit cauſée par les mouvements de vibration des parties des corps frottés (b).

(a) Birch's. Hiſt. of the R. ſociety, vol. 3, pag. 270.
(b) Nevton's Optics, octavo, pag. 314 & 327.

PÉRIODE II.

Expériences & découvertes de M. Hawkesbée.

APRÈS Gilbert, M. Boyle & Otto de Guericke, M. Hawkesbée, qui écrivoit en 1709, se rendit célebre par ses expériences & ses découvertes en électricité. Il remarqua d'abord la grande puissance électrique du verre, la lumiere qui en provenoit, & le bruit qu'elle occasionnoit ; ainsi que différents phénomenes relatifs à l'attraction & à la répulsion électriques. Il travailla sans se rebuter à faire des expériences, & il y a peu de personnes qui aient plus contribué à l'avancement réel de cette branche de connoissance. C'est ce qui va paroître par le récit abrégé de ses expériences, que je rapporterai, non pas exactement selon l'ordre qu'il a suivi en les publiant ; mais selon la liaison qu'elles ont entre elles. J'ai choifi cette méthode comme la plus propre à répandre un plus grand jour fur cette matiere.

Je rapporterai d'abord les expériences qu'il a faites fur l'attraction & la répulfion électriques. La plupart nous donneront lieu d'admirer fon génie inventeur, & nous verrons qu'on a fort peu ajouté à fes obfervations, jufqu'à la découverte importante d'une électricité en plus & en moins faite par Meffieurs Watfon & Franklin, & jufqu'au temps où M. Canton donna une explication plus ample de cette doctrine [4].

Les plus curieufes de fes expériences concernant l'attraction & la répulfion électriques, font celles qui font voir la direction dans laquelle ces puiffances agiffent.

Ayant attaché des fils à un cerceau de fil de fer, & l'ayant pré-

---

&☞ [4] La diftinction des Electricités en *plus* & en *moins*, telles que les entendent ceux qui ont cru avoir fait cette découverte, n'eft point du tout fondée, comme cela fera clairement prouvé dans la fuite.

fenté auprès d'un globe ou cylindre
frotté, il remarqua que les fils gar-
doient une direction conftante vers
le centre du globe, ou vers quelque point de l'axe du cylindre, dans
chaque pofition du cerceau; que cet
effet continuoit environ quatre minutes après qu'on avoit ceffé de frotter le globe, & que l'effet étoit
toujours le même, foit qu'on tînt
le fil de fer au-deffus ou au-deffous
du verre, & foit que l'axe du verre fût placé dans une fituation pa-
rallele ou bien perpendiculaire à
l'horifon.

Il remarqua que les fils qui fe di-
rigeoient vers le centre du globe,
étoient attirés ou repouffés en leur
préfentant le doigt : qu'en approchant le doigt ou tout autre corps
fort près des fils, ils étoient attirés;
mais que fi on l'approchoit à la diftance d'environ un pouce, ils étoient
repouffés. Il ne paroît pas qu'il ait
bien compris la raifon de cette différence (a).

_____

(a) Phifico-Mechanical experiments
pag. 75.

Il attacha des fils à l'axe d'un globe & d'un cylindre, & trouva qu'ils divergeoient en tous sens en ligne droite, de l'endroit où ils étoient attachés, quand on faisoit tourner, & qu'on frottoit le verre. Dans ces deux cas, dit-il, les fils sont repoussés, en tenant le doigt sur le côté opposé du verre, même sans toucher le verre, quoique quelquefois ils sautent subitement vers lui (a). Il a remarqué de plus, qu'en soufflant avec sa bouche vers le verre, à trois ou quatre pouces de distance, cela donnoit aux fils une direction différente.

Il trouva que les fils pendant librement sur un globe non électrifé & en repos, étoient mis en mouvement par l'approche de tout corps actuellement électrifé, même à une distance considérable, excepté dans un temps humide; il explique ce qui arrive dans ce dernier cas, en supposant que l'humidité sur la surface du verre empêche les éma-

(a) Physico-Mechanical experiments, pag. 78.

B iij

nations électriques de paſſer librement au travers (*a*).

Les variétés qu'il obſerva dans
les apparences & les propriétés de la
lumiere électrique ſont encore plus
curieuſes & plus ſurprenantes que
ſes découvertes ſur l'attraction & la
répulſion électriques. Il eſt aſſez ſin-
gulier que M. Hawkeſbée ait jugé de la lumiere électrique d'une
maniere ſemblable à celle du Docteur Wall ; c'eſt-à-dire , qu'il l'ait
regardée comme une lumiere phoſ-
phorique.

M. Hawkeſbée produiſit d'abord
une quantité conſidérable de lumiere en ſecouant du vif-argent dans
un vaiſſeau de verre qu'on avoit
vuidé d'air. On voyoit quelquefois
ce qu'il appelle des éclats ſinguliers
d'une lumiere pâle , s'élancer dans
différentes directions , quand on mettoit le mercure en mouvement dans
un récipient vuide d'air (*b*). Mais cet-

(*a*) Phyſico.-Mechanical experiments,
pag. 160.
(*b*) Ibid. pag. 12.

te découverte fut probablement due au hafard, & il paroît qu'il ignoroit alors la raifon de ce phénomene. Il appelle cette lumiere *phofphore mercuriel*, & ne jugea pas que le verre contribuât en aucune façon à la produire.

Il trouva auffi que cette apparence de lumiere électrique (qu'il appelle toujours le phofphore mercuriel) ne demandoit pas un vuide bien parfait, ni même approchant de la perfection (*a*). Au contraire il produifit quelquefois cette apparence de lumiere en fecouant du mercure dans un vaiffeau où l'air étoit de la même denfité que l'atmofphere; mais il n'avoit pas encore d'idée que le verre contribuât au phénomene (*b*).

Il obferva une forte lumiere dans le vuide, & feulement une foible en plein air, en frottant de l'ambre fur une étoffe de laine; mais il femble l'avoir confidéré comme tout

(*a*) Phyfico - Mechanical experiments, pag. 14.
(*b*) Ibid. pag. 18.

B iv

corps dur qui frotte contre un corps mou (*a*). Il remarqua auffi qu'en frottant le verre fur de la laine dans le vuide, il produifit une lumiere pourpre d'abord bien vive, & enfuite pâle (*b*). Il dit que tout verre nouvellement fait, donna d'abord une lumiere pourpre, & enfuite une pâle ; & que l'étoffe de laine teinte avec des fels ou des efprits, produifoit une lumiere forte & éclatante (*c*).

Dans les expériences fuivantes nous trouvons fes idées fur la lumiere électrique beaucoup plus diftinctes, & les apparences font les mêmes que donnent ordinairement nos machines électriques actuelles, dont nous trouverons que la conftruction eft à peu près la même que celle dont il fe fervoit.

Il fe munit d'une machine avec laquelle il pouvoit faire tourner un globe de verre ; & remarqua, quand

(*a*) Phyfico-Mechanical experiments, pag. 26.
(*b*) Ibid. pag. 32.
(*c*) Ibid. pag 34.

il l'eut vuidé d'air, qu'en appliquant
fa main fur le globe, il paroiffoit
une forte lumiere en - dedans, &
qu'en y laiffant rentrer l'air, la lumiere paroiffoit auffi à l'extérieur;
mais avec des différences fort confidérables dans les apparences; car
elle s'attachoit à fes doigts & aux
autres corps qu'on tenoit auprès du
globe. Il remarqua auffi dans cette
occafion, qu'un quart de l'air de-
meuré dans le globe, ne diminuoit
que fort peu la lumiere en-dedans.
Il eft affez fingulier que le réfultat
de cette expérience, femblable à celle faite avec le mercure dans le vuide, & dont on a parlé, lui fit foupçonner, quoique ce ne fut qu'un
foupçon, que la lumiere produite
dans le premier cas, ne proven,ie
pas du mercure, mais du verre.

L'expérience fuivante eft délicate
& fort curieufe. Il ne faut pas être
furpris fi M. Hawkesbée n'en a pas
connu la caufe, puifque fon explication dépend des principes qui n'ont
été découverts que dans un temps
bien poftérieur par M. Canton.

En tenant un globe vuide d'air,

B v

à la portée des émanations d'un globe électrifé , il remarqua dans le
globe vuide une lumiere qui s'é-
teignoit fur le champ, fi on laiffoit
l'autre en repos ; mais qui fe rani-
moit , & continuoit d'être très-forte , fi on tenoit en mouvement le
globe électrifé. En préfentant un tube vuide d'air aux émanations d'un
globe électrifé , cela produifoit ce
qu'il appelle un éclat de lumiere
interrompu. Il imagina que le globe vuide d'air étoit électrifé par l'attraction des émanations de l'autre
globe ; preuve qu'il ne comprenoit
guere la véritable caufe de cette
curieufe expérience (a). Quand il dit
que les émanations d'un verre , tom-
bant fur un autre , peuvent bien
produire cette lumiere , il ajoute
que la matiere électrique ne peut
pas être forcée de fortir au dehors
par des coups fi foibles. Il avoit
remarqué auparavant , qu'en frottant un tube vuide d'air , il n'y dé

_____

(a) Phyfico - Mechanical experiments,
pag. 82.

couvroit aucune puiſſance attractive, & ce tube ne donnoit aucune
lumiere en-dehors, mais ſeulement
en-dedans.

Il trouva, que quand le frottement étoit fait dans le vuide, il ne
pouvoit point produire d'électricité
(c'eſt-à-dire d'attraction (*a*) ; mais
que quoique la *qualité attractive* exige la préſence, tant de l'air extérieur que de l'intérieur, pour ſe faire appercevoir, cependant la lumiere ne demande que la préſence de
l'un des deux pour ſe montrer ; puiſqu'un globe de verre plein d'air,
frotté dans le vuide, ou vuide d'air,
& frotté dans le plein, produiroit
une lumiere fort conſidérable (*b*).

Il dit auſſi que ces lumieres produites par le frottement du verre
vuidé dans le plein, ſont affectées
d'une maniere moins ſenſible par le
retour de l'air, que celles qui ſont
produites par le frottement du verre
plein d'air dans le vuide ; car dans

(*a*) Phyſico - Mechanical experiments
pag. 242.
(*b*) Ibid. pag. 248.

B vj

le premier cas, il ne trouva pas, dit-il, beaucoup d'altération dans la lumiere ou la couleur, jufqu'au moment où l'on laiffa entrer une certaine quantité d'air dans l'intérieur du verre vuidé; mais dans le dernier cas, la lumiere & la couleur furent fenfiblement changées chaque fois qu'on laiffa arriver l'air à l'extérieur du verre plein (a).

La plus grande lumiere électrique que M. Hawkesbée obtint, fut quand il renferma un cylindre vuide d'air, dans un autre non vuidé, & qu'il frotta l'extérieur en les mettant tous les deux en mouvement. Il remarqua que foit qu'ils fe muffent de concert ou non, cela ne faifoit aucune différence. Il dit que quand le cylindre extérieur étoit feul en mouvement, la lumiere étoit fort confidérable, & s'étendoit fur la furface du verre intérieur. Ce qui lui caufa le plus de furprife fut, que quand les deux verres eurent été en mou-

_____

(a) Phyfico-Mechanical experiments, pag. 249.

vement quelque temps, pendant lequel il avoit appliqué fa main à la furface du verre extérieur; le mouvement des deux ceffant, & aucune lumiere ne paroiffant, pour le peu qu'il approchât fa main de la furface du verre extérieur, il fe faifoit dans le verre intérieur des éclats de lumiere pareils à des éclairs; comme fi, dit-il, les émanations fortant du verre extérieur, euffent été pouffées fur l'intérieur avec plus de force au moyen de l'approche de la main (a). Cette expérience fut femblable à celle qu'il fit avec le globe frotté & vuide d'air, & avec le tube vuidé, & le raifonnement qu'il fait à cette occafion, montre qu'il étoit encore bien éloigné d'être parfaitement inftruit de toutes les circonftances qui accompagnent ce fait.

Les expériences que je vais rapporter de M. Hawkesbée, font celles qui font voir la grande abondance & la fubtilité extrême de la lumiere électrique. Elles font réellement

_____

(a) Phyfico-Mechanical experiments, pag. 87.

étonnantes, & n'ont pas été encore
fuivies de la maniere dont elles méritent de l'être.

Il enduifit de cire à cacheter plus
de la moitié de l'intérieur d'un globe de verre, & l'ayant vuidé d'air
il le mit en mouvement. Alors en
appliquant fa main pour l'électrifer,
il vit en-dedans la forme & la figure de toutes les parties de fa main
diftinctement & parfaitement fur la
fuperficie concave de la cire. Ce fut
précifément, comme s'il n'y avoit
eu abfolument que le verre, &
point de cire interpofée entre fon
œil & fa main. L'enduit de cire,
à l'endroit où il étoit le plus mince,
auroit tout au plus laiffé appercevoir une bougie au travers dans
l'obfcurité ; mais dans certains endroits, cette cire avoit au moins un
huitieme de pouce d'épaiffeur ; cependant, même dans ces endroits, la
lumiere & la figure de fa main fe
faifoit appercevoir au travers auffi
diftinctement que par-tout ailleurs.
Bien plus, quoique dans certains endroits, la cire ne fût pas fi fortement adhérente que dans d'autres ;

la lumiere y paroiſſoit néanmoins tout auſſi-bien (a).

Ces expériences réuſſirent égale-ment avec de la poix au lieu de ci-re à cacheter. Et il remarqua que quand l'air fut rentré dans le globe, chacune de ſes parties, tant celle qui étoit enduite que celle qui ne l'étoit pas, parurent attirer avec une égale vigueur (b). Les fleurs de ſou-fre fondues ne produiſirent pas un tel effet ; mais le ſoufre commun réuſſit auſſi-bien que la cire à cache-ter ou la poix. On trouva que dans ces deux dernieres expériences, le ſoufre avoit été ſéparé du verre (c).

En employant de la même façon une grande quantité de ſoufre com-mun, la lumiere ſe trouva quatre fois auſſi grande dans l'intérieur ; mais on ne diſtinguoit pas ſi facile-ment la figure des doigts que dans les cas précédents. Il obſerva pareil-lement qu'il n'y eut point de lumie-

---

(a) Phyſico - Mechanical experiments, pag. 168.
(b) Ibid. pag. 269.
(c) Ibid. pag. 274.

re produite vers les poles de son globe, où la fubftance du foufre fe trouvoit la plus abondante ; ce qu'il attribua principalement à la lenteur
du mouvement dans cet endroit (*a*).

En laiffant rentrer une petite quantité d'air dans le globe, ainfi en partie enduit de cire à cacheter, la lumiere difparut entierement fur la
partie couverte de cire ; mais non
fur l'autre.

Il obferva auffi, que quand il laiffa rentrer tout l'air, & qu'il tint
au-deffus du globe le cerceau garni
de fils, dont on a déja parlé, les fils
furent attirés à de plus grandes diftances par la partie qui étoit garnie
de cire, que par l'autre ; il dit encore, que quand tout l'air en fut
ôté, la cire attiroit les corps placés
près de l'extérieur du globe ; que
même dans ce cas, les fils confer-
verent leur direction vers le centre,
quoiqu'avec moins de vigueur que
quand l'air y fut rentré ; mais qu'ils
n'étoient point attirés du tout, lorf-

_____

(*a*) Phyfico-Mechanical experiments,
pag. 275.

-qu'il n'y avoit point de cire fur l'intérieur du globe vuidé.

M. Hawkesbée ne négligea pas de
faire attention au bruit que faifoient les émanations électriques en
fortant, ou à la maniere dont elles
affectoient le fens du toucher. Il obferva que quand un tube de verre
électrifé attiroit différents corps, &
lançoit de la lumiere fur eux, lorfqu'on les en approchoit, on entendoit pareillement un bruit qu'il
appelle un *craquement*. Il dit auffi
qu'en approchant du vifage un tube
frotté, on éprouvoit une fenfation
comme fi on y eût fait paffer des
cheveux fins, & lorfqu'il répéta l'expérience de faire tourner & de frotter le globe de verre, il obferva
que la lumiere en fortoit avec un
certain bruit, & caufoit une forte
de douleur au doigt, quand on l'en
tenoit à un demi-pouce de diftance (*a*).

M. Hawkesbée, ne borna pas fon
attention à la puiffance électrique

(*a*) Phyfico - Mechanical experiments,
pag. 65.

du verre. Il fit des expériences avec
un globe de cire à cacheter, au
centre duquel étoit un globe de bois;
d'où il conclut que l'électricité de la
cire à cacheter est la même en général que celle du verre, mais qu'elle en diffère seulement par son degré de force. Il ne put voir aucune
lumiere adhérente à son doigt en le
préfentant à la cire à cacheter électrifée, non plus que quand il le préfentoit à un globe de verre vuide
d'air & frotté.

Il fe pourvut auffi d'un globe de
foufre, & d'un autre fait de réfine & d'un mélange de brique en
poudre; mais il ne lui fut prefque
pas poffible d'électrifer le globe de
foufre; au lieu que la réfine agit plus
plus puiffamment que n'avoit fait la
cire à cacheter. Il attribua cet effet
à ce qu'il faifoit chaud quand il s'en
fervit; car dans le même état de chaleur, la réfine attiroit les feuilles
de cuivre, fans aucun frottement (a).

(r) Phyfico - Mechanical experiments,
pag. 154.

Il dit que la réfine électrifée ne donna point de lumiere dans l'obfcurité, & que le foufre en donna fort peu (a).

A l'égard du pouvoir électrique en général, il obferva qu'un frottement leger fuffifoit pour l'exciter, & qu'une preffion plus forte ou un mouvement plus violent ne l'augmentoït pas confidérablement (b). Il dit que tous les phénomenes d'électricité étoient augmentés par la chaleur, & diminués par l'humidité ; ce qu'il attribua à la réfiftance que les particules aqueufes oppofoient aux émanations ; & de même que M. Boyle & les autres avant lui, il fe confirma dans cette hypothéfe, fçavoir, que la fimple interpofition d'une toile empêchoit qu'on ne pût remarquer aucuns effets au-delà.

Il obferva auffi que quand le tube étoit rempli d'une autre matiere que l'air, par exemple, de fablon fec (qu'il éprouvoit alors) la puiffance attractive des émanations en

_____

(a) Phyfico-Mechanical experiments, pag. 156.
(b) Ibid. pag. 52.

étoit confidérablement diminuée ; mais il ne fçavoit pas quelles efpéces de corps pouvoient produire cet effet. Il remarqua même que la vertu électrique d'un cylindre folide de verre fe trouva, à la vérité pas tout-à-fait fi forte , mais plus durable que celle d'un tube creux (a).

Que M. Hawkesbée n'ait pas eu une idée claire de la diftinction des corps en électriques & non électriques ; c'eft ce qui paroît par quelques-unes de fes dernieres expériences , dans lefquelles il eſſaya de tirer des métaux des apparences électriques , & par les raifons qu'il donne de fon défaut de fuccès dans ces eſſais ». D'après ces expériences, dit-» il, je puis conclure en aſſurance, » que s'il eft poſſible d'exciter dans » un corps d'airain quelque qualité » électrique, telle que de la lumiere, » dans les circonftances qu'on vient » de rapporter (c'eft-à-dire en le fai-» fant tourner ou en le frottant) le » frottement des différents corps dont

_____

(a) Phyſico - Mechanical experiments, pag. 64.

» je me suis servi pour cet effet ,
» s'est trouvé trop foible pour la
» forcer de paroître ; & en effet,
» en confidérant combien les parties
» des métaux font ferrées , & avec
» quelle fermeté elles font adhéren-
» tes , entrelaffées , & s'attirent les
» unes les autres, un foible degré de
» frottement n'eft pas fuffifant pour
» mettre leurs parties dans un mou-
» vement capable de produire une
» qualité électrique ; & dans les cir-
» conftances dont on a parlé , je re-
» garde comme telle l'apparence de
» la lumiere dans un pareil milieu ».

Quand on confidére les grands effets que M. Hawkesbée a obtenu avec
fon globe de vere , & la machine
qu'il a imaginée pour le mettre en
mouvement , il paroît furprenant
que l'ufage en ait été difcontinué fi
long-temps après fa mort. C'eft peut-
être à cette circonftance , en grande
partie, qu'on peut attribuer la lenteur
des progrès qu'on a faits enfuite dans
les découvertes électriques. Les fuc-
ceffeurs de M. Hawkesbée fe font
reftreints eux - mêmes à l'ufage des
tubes. Je fuppofe que ce fut parce

qu'ils étoient plus légers, plus portatifs & plus faciles à manier dans les expériences auxquelles ils s'appliquoient principalement ; mais il est sûr que l'usage du globe les auroit mis beaucoup plutôt dans le cas de faire les découvertes importantes qu'on a faites dans la suite en électricité.

PÉRIODE III.

Expériences & découvertes de M. Etienne Grey, faites avant celles de M. du Fay, & qui menent l'histoire de l'Electricité jusqu'à l'année 1733.

MALGRÉ les découvertes importantes de M. Hawkesbée, & les apparences flatteuses qu'elles conduiroient à d'autres, il se trouve, après lui, un vuide considérable dans l'histoire de l'Electricité. Il paroît que pendant près de 20 ans, on ne fit plus d'expériences, & par conséquent point de découvertes.

Après ce long intervalle parut un autre Physicien, qui se rendit célébre dans ce genre, en faisant en quelque façon revivre l'Electricité. Ce Physicien, fut M. Etienne Grey. De tous ceux qui se sont appliqués

à cette étude, aucun n'a été plus
affidu que lui à faire des expériences, & ne s'y eft livré plus complet-
tement ni avec plus de zèle. On le
verra par le nombre prodigieux d'expériences qu'il fit, & par quelques
découvertes confidérables qui cou-
ronnerent fa perféverance, auffi-bien
que par les méprifes même auxquelles l'expofa fon amour paffionné pour
les nouvelles découvertes.

Avant l'année 1728, M. Etienne
Grey avoit fouvent rèmarqué dans
les expériences électriques faites avec
un tube de verre, & un duvet de
plume attaché au bout d'un petit
bâton, qu'après que fes barbes
avoient été tirées vers le tube, elles s'attachoient au bâton dès qu'on
retiroit le tube, comme fi ce bâton
eût été un corps électrique, ou qu'il
y eût eu quelque électricité communiquée au bâton ou à la plume.
Cela le porta à tenter, fi en paffant la plume entre fes doigts, elle
ne pourroit pas produire le même
effet en acquérant quelques degrés
d'électricité. Cette expérience réuffit

fit, comme il l'avoit foupçonné, dès le premier effai; les petites barbes du duvet de la plume étoient attirées par fon doigt, quand il le tenoit auprès; quelquefois même la partie fupériéure de la plume avec fa tige, étoit attirée auffi.

En procédant de la même maniere, il trouva que les fubftances fuivantes font toutes électriques; favoir, le *poil*, la *foie*, la *toile*, la *laine*, le *papier*, le *cuir*, le *bois*, le *parchemin*, & la *baudruche*, membrane dont on fe fert pour battre les feuilles d'or. Il fit bien chauffer toutes ces fubftances, & quelques-unes même jufqu'à être brûlantes, avant que de les frotter. Il trouva que la foie & le fil jettoient de la lumiere dans l'obfcurité; & mieux encore un morceau de papier blanc. Non-feulement cette fubftance chauffée auffi fort que les doigts le pouvoient fupporter, donna de la lumiere; mais quand il en approcha fes doigts, il en fortit une étincelle qui fut accompagnée auffi d'un craquement, femblable à celui que produit un tube de verre.

Tom. I.   C

quoique pas à une si grande distance des doigts (a).

Les expériences précédentes nous conduisent à une découverte très-importante en électricité ; savoir, la communication de cette puissance des corps naturellement électriques, à ceux dans lesquels cette qualité ne peut être excitée par le frottement, de même qu'à une distinction plus exacte des corps électriques, d'avec ceux qui ne le sont pas. Je rapporterai assez au long, mais pourtant le plus succinctement que je pourrai, la maniere dont furent faites ces importantes découvertes.

Au mois de Février 1727, M. Grey, après quelques essais infructueux pour donner la vertu attractive aux métaux, en les chauffant, les frottant, & les frappant à coups de marteau, se rappella un soupçon qu'il avoit eu pendant quelques années ; savoir, que comme un tube communiquoit sa lumiere à différents

(a) Philosophical transactions abridged, vol. 8, pag. 9.

corps, quand on le frottoit dans l'obfcurité, il pourroit peut-être en même-temps leur communiquer l'électricité, fous lequel nom on n'avoit
entendu jufqu'alors que le pouvoir
d'attirer les corps légers. Pour cet
effet, il fe pourvut d'un tube de trois
pieds cinq pouces de longueur, &
de près d'un pouce deux dixiemes
de diametre, & il adapta à chaque
bout un bouchon de liege, pour le
garantir de la poufliere, lorfqu'on
ne fe fervoit pas du tube.

Les premieres expériences qu'il fit
dans cette occafion furent deftinées à
eflayer s'il trouveroit de la différence dans fon attraction, quand les
deux bouts de tube feroient bouchés
avec du liege, ou quand on les laifferoit entiérement ouverts; mais il
ne put appercevoir aucune différence fenfible. Ce fut cependant dans
le cours de cette expérience, que
tenant un duvet de plume vis-à-vis
le bout fupérieur du tube, il trouva
qu'il couroit au bouchon de liege,
en étant attiré & repouflé auffi bien
que par le tube même. Enfuite il
tint la plume vis-à-vis l'extrémité

platte du bouchon ; & remarqua quelle fut attirée & repouſſée pluſieurs fois de ſuite ; il dit que cet effet le ſurprit beaucoup ; & il en conclut que le tube électriſé avoit certainement communiqué une vertu attractive au bouchon de liege.

Enſuite il fixa une boule d'ivoire au bout d'un bâton de ſapin, d'environ quatre pouces de long ; puis enfonçant l'autre bout dans le liege, il trouva que la boule attiroit & repouſſoit la plume, même avec plus de force que le bouchon n'avoit fait, répétant ſes attractions & ſes répulſions pluſieurs fois de ſuite. Il fixa enſuite la boule ſur de longs bâtons & ſur des morceaux de fil de fer & de laiton avec le même ſuccès ; mais il obſerva, que quoiqu'il tînt le fil de métal fort près du tube, la plume n'en fut jamais ſi fortement attirée, que par la boule qui étoit à ſon extrémité.

Lorſqu'il ſe ſervoit d'un fil d'une longueur un peu conſidérable, ſes vibrations cauſées par l'action de frotter le tube, le rendoient incommode à manier. Cela engagea M.

Grey à essayer, si en attachant la boule à une ficelle, & la suspendant au tube par un anneau, l'électricité ne seroit pas conduite le long de la ficelle jusqu'à la boule, & il trouva que la chose réussit comme il s'y étoit attendu. Il suspendit différents corps à son tube, de cette maniere, & les trouva tous capables de recevoir de même l'électricité.

Après avoir essayé ces expériences avec des cannes & des roseaux légers, les plus longs dont il put se servir, il monta sur un balcon élevé de vingt-six pieds, & attachant un cordon à son tube, il trouva que la boule qui pendoit au bout, attiroit les corps légers dans la cour au-dessous.

Il monta ensuite plus haut, & mettant ses grands roseaux au bout de son tube, & attachant un long cordeau au bout des roseaux, il imagina de conduire l'électricité à des distances beaucoup plus considérables, qu'il n'avoit fait auparavant ; enfin ne pouvant plus la conduire plus loin en ligne perpendiculaire,

il essaya ensuite de la conduire ho-
risontalement ; ces essais donnerent
lieu à une découverte, à laquelle il
n'avoit pas songé le moins du monde,
lorsqu'il les commença.

Dans son premier essai, il fit à
chaque bout d'une ficelle, une boucle, par lesquelles il la suspendit
d'un côté à un clou enfoncé dans
une poutre, l'autre bout pendant en
bas. Il passa à travers la boucle pen-
dante, le cordon auquel la boule
d'ivoire étoit attachée, fixant son
autre extrémité sur son tube, au
moyen d'une boucle ; de sorte qu'une
partie du cordon qui devoit servir
de conducteur, c'est-à-dire, qu'une
partie de celui auquel la boule étoit
attachée, pendoit perpendiculairement, tandis que l'autre partie étoit
horisontale. Après cette préparation
il mit des feuilles de cuivre sous la
boule d'ivoire, & frotta le tube ;
mais il n'apperçut pas le moindre signe d'attraction. Il en conclut
que quand la vertu électrique arrivoit à la boucle de la ficelle qui
étoit suspendue à la poutre, elle
montoit le long de cette ficelle jus-

qu'à la poutre, de forte qu'il n'y en avoit point, ou du moins fort peu, qui defcendît à la boule; & il ne put, dans ce temps-là, trouver aucun moyen pour en empêcher.

Le 30 Juin 1729, M. Grey alla voir M. Wheeler, pour lui faire voir quelques-unes de fes expériences. Quand ils les eurent faites des plus grandes hauteurs que la maifon le leur permit, M. Wheeler eut envie d'eflayer s'ils ne pourroient pas conduire la vertu électrique à de plus grandes diftances horifontalement. M. Grey lui parla alors de la tentative infructueufe qu'il avoit faite pour la conduire dans cette direction. Sur quoi M. Wheeler lui propofa de fufpendre le cordon qui devoit être électrifé, fur une autre cordon de foie, au lieu de ficelle, & M. Grey lui dit qu'il feroit beaucoup mieux à caufe de fa petiteffe, étant raifonnable de croire qu'il laifferoit moins échapper de fa vertu, que n'avoit fait la groffe ficelle de chanvre, dont il s'étoit fervi auparavant. En effet, au moyen de cet ex-

C iv

pédient ils réuffirent au-delà de leur attente.

Après avoir imaginé cet expédient, la premiere expérience qu'ils firent, fut dans une galerie tapiffée de nattes dans la maifon de M. Wheeler, le 2 Juillet 1729, fur les dix heures du matin, comme M. Grey l'a marqué en détail fuivant fon ufage. A environ quatre pieds du bout de la galerie, ils attacherent un cordon en travers. Le milieu de ce cordon étoit de foie & le refte de ficelle. Enfuite, ils firent paffer par deffus le cordon de foie, la corde à laquelle pendoit la boule d'ivoire, & qui devoit conduire la vertu électrique du tube, à cette boule. Cette corde avoit quatre-vingts pieds & demi de longueur, & la boule pendoit environ neuf pieds au-deffous du cordon de foie. L'autre bout de la corde fut fixé par une boucle au tube, qu'ils frotterént à l'autre bout de la galerie. Après cette préparation, ils mirent des feuilles de cuivre fous la boule d'ivoire, & quand on frotta le tube, elles furent atti-

rées à la boule , & y resterent suspendues quelque temps.

La galerie ne leur permettant pas
d'essayer de plus grandes longueurs
en ligne droite , ils imaginerent de
ramener la corde sur elle-même, lui
faisant faire presque deux fois toute la longueur de la galerie ; c'est-à-
dire cent quarante-sept pieds ; ce qui
réussit fort bien ; mais soupçonnant
que l'attraction seroit plus forte , si
la corde n'étoit pas doublée & ra-
menée ainsi , ils se servirent d'une
corde de 124 pieds de longueur ,
placée en ligne droite , dans une
grange , & comme ils s'y étoient at-
tendus , ils trouverent qu'en effet
l'attraction étoit plus forte, que quand
ils avoient fait revenir la corde sur
elle-même dans la galerie [5].

___

[5] Si ces Messieurs avoient répété
plusieurs fois la même expérience, ils se
feroient convaincus que ce plus de force
qu'ils ont trouvé dans le second cas, n'étoit
point dû à ce que la corde étoit dirigée en
ligne droite. Il est bien prouvé aujourd'hui
que , soit que les conducteurs soient droits ,
soit qu'ils soient repliés sur eux-mêmes , cela ne change rien du tout à l'intensité de
l'électricité.

Le 3 Juillet, voulant faire faire à la corde encore plus de replis, la soie qui la soutenoit vint à se casser, faute de pouvoir en supporter le poids, quand on l'ébranloit par le mouvement qu'on lui donnoit en frottant le tube. Ils essayerent donc de la soutenir avec un petit fil de fer, au lieu du cordon de soie; celui-ci ayant cassé aussi, ils firent usage d'un fil de laiton un peu plus gros; mais quoique ce fil de laiton soutînt fort bien la corde de communication, il ne répondit point à l'attente de nos Electriciens; car en frottant le tube, on n'apperçut aucune électricité à l'extrémité de la corde; elle s'étoit toute en allée par le fil de laiton qui la soutenoit. Ils avoient eu recours aux fils de laiton comme étant plus forts que leurs cordons de soie, sans être plus gros. par la même raison ils s'étoient servi auparavant de cordons de soie, par préférence aux cordons de chanvre; parce qu'ils pouvoient par ce moyen, les avoir plus forts, & en même temps plus petits. Mais le résultat de cette expérience les convainquit, que son succès dépendoit de ce que les cordons de support fussent de soie, & non qu'ils fussent petits, comme ils l'avoient cru. Car la vertu électrique s'échappa aussi bien par le petit fil de laiton, qu'elle l'avoit fait par la grosse ficelle de chanvre.

Etant donc forcés de revenir à leurs cordons de soie, ils les prirent assez gros pour soutenir de fort grandes longueurs de la corde de communication qui étoit de chanvre, & en effet, ils conduisirent la vertu électrique à sept cent soixante-cinq pieds, sans appercevoir que l'effet fût sensiblement diminué par la distance (a).

De même qu'ils trouverent que la *soie* ne laissoit pas perdre la vertu électrique, il y a apparence que ce fut vers le même temps qu'on trouva la même propriété aux *poils*, à la *résine*, au *verre*, & peut-être à quel-

---

(a) Phil. Transf. Abridged, vol. 7. pag. 15.

C vj

ques autres fubftances électriques,
quoique la découverte n'en ait été
marquée nulle part ; car nous verrons bientôt M. Grey , en faire ufage pour ifoler les corps qu'il électrifoit.

Après cela , ils effayerent fi l'on
pourroit rendre électriques de grandes furfaces , en électrifant une grande carte Géographique, des nappes
de toile , &c. Ils porterent auffi la
vertu électrique de plufieurs côtés
en même temps, & à une diftance
confidérable de chaque côté.

Ils trouverent que les émanations
magnétiques n'étoient point du tout
oppofées aux électriques; car quand
ils eurent électrifé une pierre d'aimant avec une clef qu'elle portoit,
toutes les deux attirerent la feuille
de cuivre comme les autres fubftances.

Quelque temps après , M. Wheeler en l'abfence de M. Grey, électrifa une pelle toute rouge , & trouva que l'attraction étoit la même
que quand elle étoit froide. Il fufpendit auffi un poulet vivant fur le

tube, par les pattes, & trouva que sa poitrine étoit fortement électrique (a).

Au mois d'Août 1729, M. Grey fit un pas de plus dans fes découvertes électriques. Il trouva qu'on pouvoit conduire la vertu électrique du tube, à la corde de communication fans y toucher, & qu'il fuffifoit pour cela de tenir le tube électrifé à fa proximité. En répétant fes premieres expériences avec cette variété, conjointement avec M. Wheeler, & entre-autres, en conduifant la vertu électrique de plufieurs côtés, en même-temps, fans toucher la corde, ils remarquerent toujours que l'attraction étoit la plus forte à l'endroit qui étoit le plus éloigné du tube; fait qu'ils auroient pu obferver dans leurs précédentes expériences, s'ils y euffent fait attention (b).

Dans le même mois M. Wheeler, & M. Grey, firent conjointement quelques expériences, pour effayer

(a) Phil. Tranf. Abridged, vol. 7, pag. 16.
(b) Ibid. pag. 17.

fi l'attraction électrique étoit pro-
portionnée à la maffe des corps. Dans
cette vue , ils électriferent un cube
folide de chêne , & un autre des
mêmes dimenfions , qui étoit creux;
mais ils ne purent appercevoir aucune différence dans leur force attractive ; quoique M. Grey fût d'a-
vis que les émanations électriques
paffoient au travers de toutes les parties du cube folide (a).

Le 13 Août de la même année,
M. Grey ajouta une autre perfection à fon appareil électrique , en
découvrant qu'il pouvoit électrifer
une *baguette* auffi bien qu'un *fil*, fans
en inférer aucune partie dans fon
tube électrifé. Il prit une grande
perche de vingt-fept pieds de longueur , de deux pouces & demi de
diametre à un bout , & d'un pouce
& demi à l'autre. Elle avoit fon écor-
ce. Il fufpendit cette perche horifontalement avec des cordons de crin,
& il laiffa pendre au petit bout de
la perche un morceau de liege au
moyen d'une ficelle d'environ un

_____

(*a*) Phil. Tranf. Abridged , vol. 7,
pag. 17.

pied de long , & mit une petite
boule de plomb fur le liege , pour
tenir la ficelle tendue. Enfuite, après
avoir mis la feuille de cuivre fous
le liege, il frotta le tube, & l'ayant
tenu proche du gros bout de la perche, la boule de liege qui étoit au
bout oppofé , attira fortement la
feuille de cuivre , à la hauteur d'un
pouce, ou même plus. M. Grey obferva auffi que la feuille de cuivre,
quoique attirée par toutes les parties
de la perche, ne l'étoit pas à beaucoup près fi fortement que par le
liege (a).

Vers le commencement de Septembre, M. Grey fit des expériences,
pour montrer que les émanations
électriques pouvoient être condui-
tes en lignes circulaires auffi bien
qu'en lignes droites, & être communiquées d'un cercle à un autre,
& que cela réuffiffoit, foit que les
cercles fuffent verticaux ou horifon-
taux.

Vers la fin de l'automne, ou au com-

____

(a) Phil. Tranf. Abridged , vol. 7,
pag. 18.

mencement de l'hiver 1729, M. Grey recommença fes recherches fur d'autres corps électriques ; il en trouva beaucoup qui avoient la même propriété ; mais il ne fait mention que des feuilles feches de divers arbres ; d'où il conclut que les feuilles de tous les végétaux avoient cette vertu attractive (a).

Nous touchons maintenant à une nouvelle fuite des expériences électriques de M. Grey, favoir, fur les fluides & fur les *corps animés*. N'ayant point d'autre méthode, d'effayer fi des fubftances quelconques pouvoient acquérir la vertu électrique par communication, que de leur faire enlever des corps légers placés fur un guéridon au-deffous d'elles, on peut aifément imaginer qu'il ne lui fut pas aifé de trouver un moyen de mettre un corps fluide dans cette fituation. La feule chofe que M. Grey put faire dans ce cas, fut de fe fervir d'une bulle d'eau, fous laquelle forme on peut tenir un fluide dans

_____

(a) Phil. Tranf. Abridged, vol. 7, pag. 19.

un état de suspension. En conséquence, les 23. & 25 Mars 1730, il fit fondre du savon dans de l'eau de la Tamise, & suspendant une pipe à fumer, il en souffla une bulle à la tête de cette pipe, & approchant le tube électrisé auprès du petit bout, il se trouva que la bulle attiroit la feuille de cuivre à la hauteur de deux, ou même quatre pouces (a).

Le 8 Avril 1730, M. Grey suspendit un petit garçon sur des cordons de crin, dans une position horisontale, précisément de la façon, dont tous les électriciens avoient coutume auparavant de suspendre leurs cordes de chanvre, & leurs baguettes de bois ; ensuite approchant de ses pieds le tube électrisé, il trouva que la tête attiroit la feuille de cuivre avec beaucoup de force, & la faisoit monter à la hauteur de huit, & quelquefois dix pouces. Quand il mit la feuille sous ses pieds, & qu'il approcha le tube de sa tête, l'attraction fut foible ; & quand il apporta la feuille sous sa tête, &

_____

(a) Phil. Transf. Abridged, vol. 7, pag. 19.

tint le tube au-deſſus, il n'y eut
point du tout d'attraction. M. Grey
n'eſſaye point de rendre raiſon d'aucun de ces faits ; ce ne fut que bien
des années après, que l'on remarqua l'influence des *pointes* [6], pour
recevoir & lancer les émanations
électriques. Tandis que l'enfant étoit
ſuſpendu, M. Grey s'amuſa à faire
agir l'électricité par pluſieurs parties
de ſon corps en même temps, & au
bout de longues baguettes qu'on lui
fit tenir dans ſes mains, & en di-
verſifiant l'expérience de pluſieurs autres manieres (*a*).

Les conſéquences que M. Grey tire de ces expériences ſont aſſez curieuſes. Elles ſont voir, dit-il, que
les animaux reçoivent une plus grande quantité du fluide électrique que
d'autres corps, & que par leur moyen
ce fluide peut être tranſporté de plu-

(*a*) Phil. Tranſ. Abridged. vol. 7, pag.
20.

☞ [6] Quand nous en ferons à l'article qui
traite de la propriété des corps pointus, en
Electricité, nous ferons voir à quoi ſe réduit
cette vertu ſi vantée des pointes.

fieurs côtés en même-temps, à des distances confidérables. Il ne concevoit pas que les corps des animaux ne reçoivent l'électricité que par le moyen de l'humidité qui eſt en eux, & que ſa corde de chanvre & ſes baguettes de bois n'auroient pas pu être électriſées, ſi elles euſſent été parfaitement ſéches [7].

M. Grey obſerva dans toutes ces expériences, que la feuille de cuivre étoit attirée à une plus grande hauteur de deſſus un guéridon étroit, que de deſſus une table, & au moins trois fois plus haut que quand elle étoit poſée ſur le parquet de la chambre.

Vers ce temps-là, M. Grey communiqua à la Société royale le ſoupçon qu'il avoit que les corps attiroient plus ou moins à raiſon de leur couleur, quoique la ſubſtance fût la même, & que le poids & la grandeur fuſſent égaux. Il dit, qu'il avoit

____

[7] Il n'eſt pas bien décidé qu'il n'y ait que l'humidité qui rende les corps animés ſuſceptibles d'être électriſés par communication.

trouvé que le rouge, l'orangé, &
le jaune, attiroient pour le moins
trois ou quatre fois plus fort que le
verd, le bleu ou le pourpre ; mais
qu'il s'abstenoit d'en donner un détail
plus circonstancié, jusqu'à ce qu'il
eût essayé une méthode plus exacte,
qu'il avoit imaginée, dit-il, de faire ces expériences. Quoiqu'il en soit,
il ne l'a jamais donné. La chose en
elle-même étoit une erreur, & on en
fera voir la cause dans quelques expériences postérieures que fit M.
Wheeler (a) [8].

M. Grey, ayant trouvé qu'il pouvoit communiquer l'électricité à une
bulle de savon & d'eau, fut encouragé à essayer de la communiquer
aussi à l'eau simple. Pour cet effet,

_____

(a) Phil. Transf. Abridged, vol. 7,
pag. 22.

☞ [8] C'est M. Dufay, & non pas M.
Wheeler, de l'aveu même de l'Auteur, comme on le verra ci-dessous, qui a réfuté cette
opinion de M. Grey. Mais, comme on aura souvent occasion de le voir dans le cours
de cet ouvrage, son Auteur cherche toujours
à accorder les découvertes à ses compatriotes, au préjudice des autres Physiciens.

il électrisa un Vaisseau de bois plein d'eau, placé sur un pain de résine ou un panneau de verre, & il remarqua qu'en présentant au-dessus de l'eau, à la distance d'un pouce ou un peu plus, dans une position horisontale un petit bout de fil, une bande étroite de papier mince, ou un morceau de verre en feuille, ils étoient attirés à la surface de l'eau, & ensuite repoussés; mais il pensa que ces attractions & répulsions n'étoient pas répétées aussi souvent qu'elles l'auroient été, si le corps eût été solide.

Il imagina ensuite de faire connoître l'effet de l'électricité sur l'eau d'une maniere plus efficace. Comme cette expérience fut fort curieuse, & qu'elle avoit une apparence tout-à-fait nouvelle pour les Electriciens de son temps, j'en rapporterai au long les particularités, & je me servirai en général des proprès termes de M. Grey (a).

_____

(a) Phil. Transf. Abridged, vol. 7, pag. 23.

Il remplit une petite jatte d'eau
jusqu'au bord, & même plus, & en
préfentant au-deffus un tube électrifé, à la diftance d'environ un pouce ou plus, il dit que pourvu que ce
fût un grand tube, il s'élevoit d'abord
une petite montagne d'eau d'une forme conique, du fommet de laquelle fortoit une lumiere fort vifible, quand l'expérience fe faifoit
dans une chambre obfcure, & un
craquement prefque femblable à celui qui fe fait quand on préfente le
doigt au tube, mais pas tout à fait
fi éclatant & d'un fon plus grave;
après quoi, dit il, cette montagne,
fi on peut fe fervir de ce terme, re-
tombe auffi-tôt dans le refte de l'eau,
& lui donne un mouvement de trem-
blement & d'ondulation.

Quand il répéta cette expérience
au grand jour, il apperçut qu'il s'é-
lançoit de petites particules d'eau du
fommet de la montagne, & qu'il
s'élevoit quelquefois du haut du cône, un filet d'eau très-délié, d'où il
fortoit une vapeur fine, dont les particules étoient fi petites, qu'on ne
pouvoit les voir; cependant il eft cer-

tain, dit-il, que cela doit être ainfi; puifque le côté inférieur du tube
étoit humide, comme il le trouva,
quand il voulut le frotter enfuite.
Il ajoute, qu'il a obfervé depuis,
que quoiqu'il ne s'éleve pas toujours
un tel cylindre d'eau, il y a toujours un courant de particules invi-
fibles, jettées fur le tube, & quelquefois même au point d'y pouvoir
être apperçues.

Quand il fe fervit de plus grands
vafes (fes grandeurs étoient depuis
trois quarts jufqu'à un dixieme de
pouce de diametre) qui, dit il, devoient être remplis autant qu'il étoit
poffible, fans que l'eau coulât par deffus; la partie du milieu de la furface,
qui étoit platte, s'affaiffoit à l'approche
du tube, & devenoit concave, &
les parties voifines des bords s'éle-
voient; & quand on préfentoit le
tube vis-à-vis le côté de l'eau, il en
fortoit horifontalement de petites protubérances coniques d'eau, qui après
le craquement, retournoient au refte;
& quelquefois il s'en échappoit de
petites particules, ainfi que des petites protubérances dont on vient de
parler.

Il répéta cette derniere expérience avec de l'eau chaude, & trouva qu'elle étoit attirée beaucoup plus fortement, & à des diſtances bien plus grandes qu'auparavant. La vapeur ſortant du bout du cône fut viſible dans ce cas, & le tube fut parſemé de groſſes gouttes d'eau.

Il eſſaya ces expériences de la même maniere avec du vif argent, qui fut pareillement enlevé; mais à cauſe de ſa gravité, il ne le fut pas ſi haut que l'eau : il dit pourtant que le craquement fut plus éclattant, & dura beaucoup plus long-temps qu'il n'avoit fait avec l'eau (a).

Il n'eſt pas aiſé de ſavoir à quoi s'en tenir ſur les expériences qui occuperent enſuite l'attention de M. Grey, ni juſqu'à quel point il s'eſt trompé dans leurs réſultats. Il s'imagina avoir découvert une puiſſance attractive, perpétuelle dans tous les corps électriques qui ne demandent pas d'être échauffés ni frottés. Il ſe

_____

(a) Phil. Tranſ. Abridged, vol. 7, pag. 24.

figura

figura que les expériences suivantes prouvoient cette découverte.

Il prit dix-neuf substances différentes, qui étoient la résine, la gomme lacque, la cire d'abeilles, le soufre, la poix, &c. ou bien deux ou trois de ces substances diversement combinées. Il les fondit dans une cuiller de fer, excepté le soufre qu'il fit fondre dans un vaisseau de verre. Quand elles furent tirées de la cuiller, & que leurs surfaces sphériques furent durcies, il prétend qu'elles n'attirerent pas, jusqu'à ce que la chaleur fût diminuée, ou jusqu'à ce qu'elles fussent refroidies à un certain point ; qu'alors il y eut une petite attraction, qui augmenta jusqu'au moment où la substance fut froide, & qu'ensuite l'attraction fut fort considérable (a).

La façon dont il s'y prit pour entretenir ces substances dans un état d'attraction, fut de les envelopper dans tout ce qui pouvoit les mettre

_____

(a) Phil. Transf. Abridged, vol. 7, pag. 24.

à couvert de l'air extérieur. D'abord il se servit de papier blanc pour les plus petits corps, & d'une flanelle blanche pour de plus grands; mais il trouva par la suite, que les bas noirs tricottés, faisoient aussi-bien. Après les avoir ainsi enveloppés, il les serra dans un grand coffre, où ils resterent jusqu'à ce qu'il voulût en faire usage.

Il observa ces corps pendant trente jours, & trouva qu'ils continuoient d'agir aussi vigoureusement que le premier ou le second jour, & qu'ils conserverent leur puissance jusqu'au temps où il écrivit, quoique quelques uns d'entre eux eussent été préparés depuis plus de quatre mois.

Il parle plus particuliérement d'un grand cône de soufre, couvert d'un verre à boire, dans lequel il avoit été moulé, & dit que toutes les fois qu'on en ôtoit le verre, il attiroit aussi fortement que le soufre, que l'on gardoit bien couvert dans le coffre. Quand il faisoit beau temps, le verre attiroit aussi, mais pas si fortement que le soufre, qui ne manquoit jamais d'attirer, quelque variable que pût être le temps ou le vent ; cependant dans le temps humide l'attraction n'étoit pas si considérable que dans le beau temps.

Il parle aussi d'un gâteau de soufre fondu, qu'il tenoit découvert dans le même lieu que le corps dont on a parlé ci-dessus, & où le soleil ne pouvoit donner sur lui ; & il dit qu'il continua d'attirer jusqu'au temps où il écrivoit; mais que son attraction n'étoit pas une dixieme partie de celle du cône de soufre qui étoit couvert.

Il essaya ces attractions avec un fil suspendu au bout d'un bâton. Il tenoit le corps électrique dans une main & le bâton dans l'autre, & il apperçut cette attraction à une aussi grande distance qu'il pouvoit les tenir.

Dans le temps qu'il écrivoit, il en étoit à l'électricité permanente dans le verre ; mais il n'avoit pas encore completté ses expériences (a).

_____

(a) Phil. Transf. Abridged, vol. 6, pag. 27.

D ij

Ces expériences de M. Grey, recevront un grand éclaircissement de quelques-unes de celles de M. Wilke, qui feront rapportées ci-après. Il eſt probable que dans ces expériences le vaiſſeau de verre poſſédoit une électricité, & le ſoufre, &c. l'autre. Mais ces deux ſortes d'électricités ne furent découvertes que par la ſuite.

Nous voici arrivés à une ſuite différente d'expériences électriques, que firent de concert Mrs. Grey & Wheeler, & qui ſont ſemblables à quelques-unes de M. Hawkesbée.

En premier lieu, M. Grey fit quelques expériences, qui, probablement ſans qu'il le ſût, avoient été faites auparavant par M. Boyle, ſur le verre & ſur pluſieurs autres corps électriſés dans le vuide, & il trouva qu'ils attiroient à peu près à la même diſtance que dans le plein. Pour déterminer ce fait, il ſuſpendit la ſubſtance électriſée dans le récipient de la machine pneumatique, & quand il fut vuidé d'air, il fit deſcendre le corps électrique à une diſtance convenable de quelques corps légers, placés ſur un guéridon au deſſous.

Le résultat, autant qu'il en put juger, fut le même dans le vuide, que dans le plein, lorsque l'expérience fut faite dans le même récipient, & que le corps électrique fut approché des corps légers, après le même intervalle de temps depuis l'électrisation (a).

Vers la fin d'Août 1732, M. Grey & M. Wheeler, suspendirent du sommet d'un récipient un fil blanc, qui tomboit jusqu'à son milieu. Ensuite ayant fait le vuide dans le récipient, & l'ayant frotté, le fil fut attiré avec vigueur. Quand on le tint en repos, & qu'il pendoit perpendiculairement, le tube électrisé l'attira, & quand on éloigna le tube lentement, le fil retourna à sa position perpendiculaire ; mais ayant retiré brusquement le tube, le fil sauta au côté opposé du récipient. Ce dernier effet arrivoit, si on écartoit brusquement la main du récipient. D'abord il leur parut inexpli-

———————————

(a) Phil. Transf. Abridged, vol. 6, pag. 27.

quable dans les deux cas ; mais en
y penſant plus mûrement , ils con-
clurent qu'il venoit du mouvement
de l'air cauſé par le tube ou par la
main , qui ôtoit l'attraction de ce
côté-là , & non de l'autre (a). Ils
trouverent auſſi qu'un tube électriſé
attiroit le fil à travers un autre récipient que l'on mit par deſſus celui
dans lequel il étoit ſuſpendu. Quelque temps après , M. Wheeler
trouva, que le fil étoit attiré à tra-
vres cinq récipients poſés les uns
ſur les autres , & tous vuidés d'air;
il jugea même que l'attraction étoit
plus grande dans ce cas , que quand
on ſe ſervoit d'un ſeul récipient. Re-
marquez que pour écarter plus efficacement des récipients , toute eſpéce
d'humidité qui auroit été fort nuiſi-
ble dans cette expérience , on ſe ſervit , au lieu de cuir mouillé , d'un
ciment fait de cire & de térébenthine , dont M. Boyle avoit fait uſage
dans ſes expériences (b).

(a) Phil. Tranſ. Abridged , vol. 7,
pag. 56.
(b) Ibid. vol. 7, pag. 97.

Ces deux Meffieurs firent vers le même temps une expérience curieufe, qui montroit, difent-ils, que l'attraction fe communique à travers les corps opaques, comme à travers les tranfparents ; mais s'ils euffent connu le métal comme conducteur de l'électricité, ils fe feroient épargnés la peine qu'ils prirent. Ils fe munirent d'une grande fonnette, & en ayant ôté le battant, ils y fufpendirent au fommet un morceau de liege frotté de miel ; & la poferent fur un plateau de verre, fur lequel ils avoient mis quelques feuilles de cuivre. On approcha enfuite le tube électrifé des différentes parties de la fonnette, & en l'électrifant ils trouverent plufieurs morceaux de feuilles de cuivre attachés au liege, tandis que d'autres étoient écartés des endroits où ils les avoient pofés, ayant été fans doute attirés par la fonnette (a).

Nous voyons avec quelle lenteur

(a) Phil. Tranf. Abridged, vol. 7, pag. 96.

on avançoit dans les progrès de cette
science par quelques expériences que
M. Grey fit le 16 Juin 1731, &
qu'il avoit jugées dignes d'être rapportées ; quoiqu'elles contiennent
à peine quelque chose de nouveau
pour nous, ces découvertes lui parurent cependant assez considérables.

Il électrisa un enfant monté sur
dés gâteaux de résine, aussi fortement qu'il l'avoit électrisé auparavant, en le suspendant par des cordons de crin. Ensuite, il électrisa
un enfant suspendu sur des cordons
de crin, par le moyen d'une piece
de communication tenue par un autre enfant électrisé, qui étoit à quelques pieds de distance du premier.
Il varia cette expérience de plusieurs
façons avec des baguettes & des en-
fans, & il en conclut que la vertu
électrique pouvoit non - seulement
être conduite du tube à des corps
éloignés à l'aide d'une baguette ou
d'un cordon ; mais que la même baguette ou cordon, pouvoit communiquer cette cette vertu à une autre
baguette ou cordon, à quelque distance de là, & que cette autre ba-

guette ou cordon pourroit auffi porter la force attractive à des corps encore plus éloignés. Cette expérience
fait voir que M. Grey n'avoit pas
confidéré la piece de communication
& le corps qui en étoit électrifé,
comme étant une feule & même
chofe par rapport à l'électricité, &
ne différant abfolument que par la
forme, puifqu'ils étoient tous les
deux également conducteurs d'électricité.

Au mois de Décembre fuivant,
M. Grey pouffa cette expérience encore plus loin, en portant l'électricité à des corps qui ne touchoient
pas la piece de communication, la
faifant paffer par le centre de cerceaux placés fur du verre. Un de
ces cerceaux avoit vingt, & un autre quarante pouces de diametre (a).

_____

(a) Phil. Tranf. Abridged, vol. 7,
pag. 100.

Dv

PÉRIODE IV.

Expériences & découvertes de M. Dufay.

JUSQU'ICI, le goût de l'électricité sembloit avoir été confiné à l'Angleterre seule; mais on trouve, que vers ce temps-là, il avoit passé les mers, & que d'habiles étrangers furent curieux de se distinguer, & d'acquérir de la réputation dans cette nouvelle carriere de gloire. M. Dufay de l'Académie royale des Sciences de Paris, & Intendant du Jardin du Roi, répéta avec soin les expériences de M. Grey, & ajouta aussi à ce fond de richesses plusieurs nouvelles expériences de son invention. Nous lui sommes pareillement redevables d'avoir remarqué plusieurs propriétés générales de l'électricité ou des regles concernant sa maniere d'agir, dont on n'avoit pas fait mention avant lui, & qui réduisirent à un petit nombre de propofitions ce qui avoit été découvert ci-devant fur cette matiere. Ses expériences font contenues dans fix grands mémoires inférés dans l'hiftoire de l'Académie des Sciences pour les années 1733 & 1734. Leur détail occupe auffi un article entier dans les tranfactions philofophiques , datté du 27 Décembre 1733.

Il trouva que tous les corps , excepté les métalliques, les corps mous & les fluides , pouvoient être rendus électriques, en les chauffant d'abord plus ou moins , & les frottant enfuite avec qu'elque efpece d'étoffe que ce fût. Il en excepte auffi les fubftances qui s'amolliffent par la chaleur, comme la gomme , ou qui fe fondent dans l'eau , comme la glu. Il remarqua pareillement que les pierres opaques & dures, & le marbre demandoient d'être plus frottés & plus chauffés que les autres corps, & que la même regle avoit lieu pour les bois ; de forte que le buis, & les autres efpeces de bois fort durs devoient être chauffés prefque jufqu'au point de brûler ; au

D vj

lieu que le fapin, le tilleul, & le
liege ne demandoient qu'une chaleur modérée (a).

Il dit qu'en fuivant les expériences de M. Grey, pour électrifer l'eau,
il trouva que tous les corps, fans
exception, tant folides que fluides,
font fufceptibles d'électricité quand
on les place fur du verre nouvellement chauffé, ou fimplement feché,
& que l'on en approche le tube électrifé. Il affure en particulier avoir
fait l'expérience avec de la glace,
du charbon de bois allumé, & avec
tout ce qui fe trouvoit alors être à
fa portée, & il remarqua conftamment que les corps les moins électriques par eux-mêmes, étoient ceux
qui acquéroient le plus grand degré
d'électricité par l'approche du tube
électrifé.

Il réfute l'affertion de M. Grey,
touchant l'électricité différente des
corps diverfement colorés, & fait
voir que cela ne vient pas de la cou-

_____

(a) Philof. Tranf. Abridged, vol. 8,
pag. 303.

leur comme couleur, mais des ingrédients qu'on a employés pour les teindre [9].

Ayant communiqué l'électricité du tube, à la maniere de M. Grey, par le moyen d'une ficelle, il remarqua que l'expérience réuffiffoit mieux lorfqu'il avoit humecté la ficelle, & quoiqu'il fît fon expérience à la diftance de douze cent cinquante fix pieds, par un vent très-fort, & la ficelle faifant huit retours fur elle-même, & paffant à travers de deux allées différentes d'un jardin, il trouva que la vertu électrique étoit encore communiquée (a).

L'étincelle électrique tirée d'un corps vivant, fut remarquée pour la premiere fois par M. Dufay, accompagné pour lors, comme dans la plupart de fes expériences, par M. l'Abbé Nollet, qui, comme nous le verrons dans la fuite, s'eft fait lui-même une réputation célébre parmi les électriciens.

(a) Philof. Tranfact. Abridged, vol. 8, pag. 395.

&☞ [9] Voyez ci-deffus, note 8.

M. Dufay s'étant fait fuspendre
lui-même fur des cordons de foie,
comme M. Grey avoit fait l'enfant
dont on a parlé auparavant, remarqua, que fitôt qu'il fut électrifé,
fi une autre perfonne s'approchoit de
lui, & avancoit fa main à un pouce ou environ de fon vifage, de fes
jambes, fes mains ou fes habits, il
fortoit auffi-tôt de fon corps un ou
plufiers jets picquants accompagnés
d'un craquement. Il dit que cette expérience caufoit à la perfonne qui
approchoit la main de lui, auffi bien
qu'à lui-même, une petite douleur,
femblable à une picquûre d'épingle,
ou à la brûlure d'une étincelle de
feu, & qu'elle fe faifoit remarquer
auffi fenfiblement à travers fes habits, que fur fon vifage nud, ou
fur fes mains. Il obferve auffi, que
dans l'obfcurité, ces jets étoient autant d'étincelles de feu (a).

M. l'Abbé Nollet, dit qu'il n'ou-
bliera jamais la furprife que caufa à

(a) Philof. Tranf. Abridged, vol. 8,
pag. 395.

M. Dufay & à lui-même, la premiere étincelle électrique qui ait jamais été tirée d'un corps humain
électrifé (*a*).

Il dit que ces craquemens & étincelles n'étoient point excités quand
on approchoit de lui un morceau de
bois, d'étoffe ou de toute autre fubf-
ce qu'un corps humain vivant, à
l'exception du métal qui produifoit
à peu de chofe près, les mêmes effets que le corps humain. Il ne prenoit pas garde que cela étoit dû à
la fécherefe des fubftances dont il
parle ; ce qui faifoit qu'elles ne donnoient pas une étincelle pleine &
forte. Il paroît aufi s'être trompé,
quand il imagina que la chair des
animaux morts, ne donnoit qu'une
lumiere uniforme fans aucun craquement & fans étincelles (*b*).

Les deux obfervations fuivantes
de M. Dufay font capitales, & je

_____

(*a*) Leçons de Phyfique, vol. 6, pag.
452.

(*b*) Philof. Tranf. Abridged, vol. 8,
pag. 395.

vais les rapporter dans ſes propres
termes , parce qu'elles ſont importantes & curieuſes ; quoique la premiere ne dit guere plus que ce que
Otto de Guericke avoit déja obſervé
avant lui. » J'ai découvert , dit il ,
» un principe fort ſimple , qui expli-
» que une grande partie des irrégu-
» larités , & , ſi je puis me ſervir du
» terme , des caprices qui ſemblent
» accompagner la plupart des expé-
» riences en électricité. Ce principe
» eſt que les corps électriques atti-
» rent tous ceux qui ne le ſont pas,
» & les repouſſent ſitôt qu'ils ſont
» devenus électriques, par le voiſi-
» nage ou par le contact du corps
» électrique. Ainſi la feuille d'or eſt
» d'abord attirée par le tube , ac-
» quiert l'électricité en en approchant,
» & conſéquemment en eſt auſſitôt re-
» pouſſée ; elle n'en eſt point attirée
» de nouveau , tant qu'elle conſerve
» ſa qualité électrique. Mais ſi , tan-
» dis qu'elle eſt ainſi ſoutenue en
» l'air , il arrive qu'elle touche quel-
» que autre corps, elle perd à l'inſ-
» tant ſon électricité, & conſéquem-

» ment est attirée de nouveau par
» le tube, lequel après lui avoir don-
» né une nouvelle électricité, la re-
» pousse une seconde fois, & cette
» répulsion continue aussi long-temps
» que le tube conserve sa puissance.
» En appliquant ce principe aux dif-
» férentes expériences d'électricité,
» on sera surpris du nombre de faits
» obscurs & embarrassants, qu'il
» éclaircit ». M. Dufay tâche en particulier d'expliquer, au moyen de ce
principe, plusieurs des expériences de
M. Hawkesbée (a).

» Le hasard, dit-il, m'a présenté
» un autre principe plus universel &
» plus remarquable que le précédent,
» & qui jette un nouveau jour sur la
» matiere de l'électricité. Ce princi-
» pe est, qu'il y a deux sortes d'élec-
» tricités, fort différentes l'une de
» l'autre ; l'une que j'appelle électri-
» cité vitrée, & l'autre électricité
» résineuse. La premiere est célle du
» verre, du cristal de roche, des

_____

(a) Philos. Transf. Abridged, vol. 8,
pag 396.

» pierres précieuses , du poil des
» animaux , de la laine & de beau-
» coup d'autres corps. La seconde est
» celle de l'ambre , de la gomme co-
» pal , de la gomme lacque , de la
» soie , du fil , du papier & d'un
» grand nombre d'autres substances.
» Le caractere de ces deux électrici-
» tés est de se repousser elles-mêmes,
» & de s'attirer l'une l'autre. Ainsi un
» corps de l'électricité vitrée repous-
» se tous les autres corps qui possé-
» dent l'électricité vitrée , & au con-
» traire, il attire tous ceux de l'électri-
» cité résineuse. Les résineux pareille-
» ment repoussent les résineux , &
» attirent les vitrés. On peut aisé-
» ment déduire de ce principe l'ex-
» plication d'un grand nombre d'au-
» tres phénomenes ; & il est proba-
» ble que cette vérité nous condui-
» ra à la découverte de beaucoup
» d'autres choses » [10].

---

[10] Il est vrai qu'il arrive souvent
qu'un corps, attiré d'abord, & ensuite repoussé par du verre électrisé, est attiré par un
corps résineux frotté, par exemple, un bâ-

Pour connoître sur le champ à laquelle des deux espèces d'électricités

ton de cire d'Espagne ; mais il n'est pas moins vrai qu'il arrive souvent le contraire. Il y a plus, c'est qu'il n'est pas très-difficile de faire réussir ou manquer l'expérience à son gré. Cette expérience, ainsi que toutes celle de ce genre, ne prouve donc rien en faveur de ces deux sortes d'électricités réellement distinctes l'une de l'autre. Un corps qui a été d'abord attiré, & ensuite repoussé par du verre électrisé, n'est repoussé que parce qu'ayant été lui-même électrisé par communication, ses effluences rencontrent celles du verre, & s'appuyent mutuellement; ce qui cause la répulsion. De la résine frottée est très-perméable au fluide électrique, & ses effluences sont beaucoup plus foibles que celles du verre électrisé ; en conséquence les effluences du corps électrisé par le verre, trouvant moins de difficulté à pénétrer la résine ainsi frottée, que l'air ambiant, ce corps est porté vers la résine par la matiere affluente qui y arrive de toutes parts ; & par-là paroît attiré. Mais si la résine n'avoit été que foiblement électrisée, ou qu'elle le fût très-fortement, dans ces deux cas, elle repousseroit le corps qui a été repoussé par le verre, de même que le verre le repousse lui-même. Dans le premier cas, cela arriveroit, parce que la résine seroit trop peu perméable au fluide électrique qui sort du corps électri-

appartient celle d'un corps quelconque, il électrisa un fil de soie, & l'approcha du corps, quand il fût électrisé. S'il repoussoit le fil, il en concluoit qu'il étoit de la même électricité que lui, c'est-à-dire, de la résineuse ; s'il l'attiroit, il concluoit qu'il étoit de la vitrée (a).

Il observa aussi que l'électricité communiquée étoit de la même espece que celle qui communique. Car ayant électrisé des boules de bois ou d'ivoire, au moyen de tubes de verre, il trouva qu'elles repoussoient les corps que le tube repoussoit, &

(a) Philos. Transact. Abridged, vol. 8, pag. 397.
sé par le verre. Dans le second cas, cela arriveroit, parce que la force des effluences de la résine approcheroit de celle des effluences du verre, ce qui leur donneroit la faculté de repousser presque aussi puissamment. Je ne doute pas que, si M. Dufay eût vécu plus long-temps, & qu'il eût souvent répété ces expériences, il n'eût renoncé à cette prétendue découverte des deux électricités *résineuse* & *vitrée*, qui n'est fondée sur aucun fait constant, quoi qu'en disent tous ses partisans.

attiroient ceux que le tube attiroit. Si elles avoient reçu l'électricité réfineufe par communication, elles obfervoient la même regle, attirant les corps à qui on avoit communiqué l'électricité vitrée, & repouffant ceux qui avoient reçu la réfineufe. Mais il obferve que l'expérience ne réuffiffoit pas, à moins que les corps ne fuffent rendus également électriques; car fi l'un d'eux ne l'étoit que foiblement, il feroit attiré par celui qui feroit beaucoup plus fortement électrique, de quelque efpece que fût fon électricité.

Cette découverte des deux électricités, étoit certainement très-importante; cependant M. Dufay la laiffa fort imparfaite. Nous verrons que M. Franklin trouva dans la fuite, que felon toute apparence, l'électricité vitrée étoit pofitive, ou une furabondance de matiere électrique, & que la réfineufe étoit négative ou un défaut de cette matiere; & M. Canton a découvert que c'eft de la furface des corps électriques, & du frottoir que dépend l'électricité pofitive ou négative.

La Doctrine de deux électricités différentes, produites en électrisant diverses substances, quelque considérable qu'en fût la découverte, semble avoir été abandonnée après M. Dufay, & on a attribué ces effets à d'autres causes. C'est un exemple qui prouve que la science va quelquefois à reculons.

M. Dufay semble lui-même enfin avoir adopté l'opinion qui a prévalu généralement du temps de M. Franklin ; savoir, que les deux électricités ne différoient que par le degré de force, & que la plus forte attiroit la plus foible ; il ne considéroit pas que suivant ce principe, deux corps qui posséderoient chacun une des deux espèces d'électricités, devroient s'attirer l'un & l'autre avec moins de force, que si l'un d'eux n'eût pas été électrisé du tout ; ce qui est contraire à l'expérience.

On verra que bien des années après, Monsieur Kinnersley de Philadelphie, ami du Docteur Franklin, étant à Boston dans la nouvelle Angleterre, fit quelques expériences, qui montrerent encore la différence des deux électricités. Il communiqua ces expériences à M. Franklin, qui les répéta, & en donna l'explication (a).

Il faut ajouter aux expériences de M. Dufay, qu'il communiqua l'électricité d'un corps à un autre placé à un intervalle de dix ou douze pouces, dans le milieu duquel il y avoit une chandelle allumée (b). Il trouva aussi que le fer rouge pouvoit être très-bien électrisé (c).

M. Dufay fut le premier qui essaya d'électriser un tube dans lequel l'air étoit condensé, & il trouva que cet essai ne réussissoit pas. Soupçonnant que cela venoit peut-être de l'humidité qu'il pouvoit avoir introduit dans le tube en se servant pour cela d'une pompe foulante, il lutta un grand éolipile de cuivre à son tube, & y comprima l'air, en mettant l'éolipile sur le feu. Après quoi il tourna un robinet, qu'il avoit

(a) Voyez ses Lettres.
(b) Recherches sur les causes des phénomènes électriques, par M. Nollet, pag. 203.
(c) Ibid. pag. 212.

placé pour empêcher le retour de l'air comprimé, & dégagea le tube de l'éolipile ; mais il trouva encore que lélectrisation étoit impossible. M. l'Abbé Nollet, qui assistoit à la plupart de ses expériences, déclare lui-même qu'il ne fut pas encore content de cette précaution ; pensant que le défaut d'électrisation du tube, pouvoit encore provenir de l'humidité qui existe toujours dans l'air, & dont les particules doivent nécessairement être rapprochées les unes des autres par la condensation (a). Pour répondre à cette objection, M. Boulanger dit qu'un petit verre plein d'eau, versé dans un tube, & vuidé aussitôt après, ne détruiroit pas l'électrisabilité du verre à beaucoup près, tant que l'air condensé (b).

Il faut observer que M. Granville Wheeler, fit dans l'Automne de 1732, plusieurs expériences fort curieuses sur la force répulsive de l'électricité.

_____

(a) Recherches sur les causes des phénomenes électriques, par M. Nollet, pag. 258.

(b) Boulanger, pag. 132.

II

Il les répéta l'Eté fuivant, à M. Grey, & avoit deffein de les communiquer par fon canal, à la Société royale ; mais en ayant différé l'exécution de temps à autre, il fut informé que M. Dufay avoit remarqué la même force répulfive. C'eft pourquoi il abandonna toute idée de communiquer fa découverte au public ; mais trouvant que fes expériences étoient différentes de celles de M. Dufay, il fe laiffa perfuader de les publier dans les tranfactions Philofophiques pour l'année 1739.

Ces expériences furent faites au moyen de fils de différentes fortes, & autres fubftances, fufpendus à des cordons de foie, & généralement faits pour fe repouffer les uns les autres, à l'approche d'un tube électrifé. Il renferma le réfultat de toutes ces expériences, dans les trois propofitions fuivantes 1°. Les corps rendus électriques par communication, au moyen d'un corps électrique frotté, font dans un état de répulfion par rapport à ce corps frotté. 2°. Deux corps ou plus rendus électriques en communiquant avec un

Tom. I. E

corps électrique frotté, font dans un
état de répulfion, l'un par rapport à
l'autre. 3°. Les corps électriques frottés, fe repouffent eux mêmes les uns
les autres (a).

Une des expériences qu'il a faites
pour prouver la feconde de ces propofitions, mérite d'être rapportée
parce qu'elle eft fort curieufe. Il
attacha enfemble plufieurs fils de
foie, par un nœud à chaque bout ;
enfuite, en les électrifant, les fils fe
repouffèrent les uns les autres, &
tout le faifceau fe renfla, & forma
une belle figure fphérique ; de forte qu'il remarqua, dit-il, avec plaifir, le nœud qui étoit en bas, s'élever à mefure que l'électricité & la
répulfion mutuelle des fils augmentoient, & il trouva une reffemblance entre le faifceau de fils de
foie, & un faifceau de fibres muf-
culaires.

Il obferve par maniere de corol-
laire à la même propofition, que

_____

(a) Philof. Tranf. Abridged, vol. 8,
pag. 410.

cette expérience fournit plus clairement que toute expérience connue,
une raison pour expliquer la diffolu-
tion des corps dans les menftrues ;
favoir, que les particules du corps
à diffoudre, s'étant chargées des
particules de la menftrue, au point
d'en être raffafiées, les particules fa-
turées fe repouffent les unes les autres, fe féparent, & tombent en
pieces (a).

(a) Philof. Tranf. Abridged, vol. 8,
pag. 411.

PÉRIODE V.

Continuation & conclusion des expériences de M. Grey.

M. Grey en reprenant ses expériences, marque beaucoup de satisfaction de ce que ses observations ont été confirmées par un Physicien aussi judicieux que M. Dufay, qui en avoit lui-même fait plusieurs nouvelles, sur-tout, cette observation importante, qui le mit sur la voie de faire les expériences suivantes, qu'il essaya dans les mois de Juillet & Août 1734 (*a*).

Comme M. Dufay avoit dit que les étincelles dont il avoit parlé, ainsi que les craquements, étoient fortement excités par un morceau de métal, que l'on présentoit à la personne soutenue sur des cordons

(*a*) Philos. Transf. Abridged, vol. 8, pag. 397.

de foie, M. Grey en conclut que, fi la perfonne & le métal changeoient de place, l'effet feroit le même. En conféquence, il fufpendit plufieurs morceaux de métal fur des cordons de foie, en commençant par les uftenciles ordinaires, qui fe trouverent fous fa main, comme un fourgon de fer, des pincettes, la pelle à feu, &c. & trouva que quand ils furent électrifés, ils donnerent des étincelles, de même qu'avoit fait le corps humain dans de pareilles circonftances; telle fut l'origine des conducteurs de métal, dont on fe fert à préfent (a).

M. Grey ne fongea point alors à faire fes expériences dans l'obfcurité, pour voir la lumiere qui fortoit du fer; n'imaginant pas que l'électricité communiquée aux métaux, auroit produit des phénomenes fi furprenants.

En continuant fes expériences chez M. Wheeler, ils trouverent que la

_____

(a) Phil. Tranf. Abridged, vol. 8, pag. 398.

E iij

chair des animaux morts donnoit, à peu de chofe près, les mêmes apparences que celle des animaux vivants, contre l'affertion de M. Dufay.

Mais ce qui furprit le plus M. Grey & les fpectateurs dans les expériences qu'il fit à cette occafion, fut ce qu'il appelle un cône ou aigrette de lumiere électrique, tel qu'on en voit communément fortir d'une pointe électrifée. Comme ce fut la premiere fois que l'on vit diftinctement ce phénomene, qui eft à préfent fi commun, je rapporterai tout au long l'expérience dont il fut le réfultat.

M. Grey & fes amis fe munirent d'une verge de fer, de quatre pieds de longueur, & d'un demi-pouce de diametre, pointue à chaque extremité, mais d'une pointe mouffe. En fufpendant cette verge de fer fur des cordons de foie dans l'obfcurité, & appliquant le tube électrifé à un de fes bouts, ils apperçurent nonfeulement une lumiere à cette extrémité; mais encore une autre en même temps, fortant de l'extrémité opposée. Cette lumiere s'étendoit sous la figure d'un côné, dont le sommet étoit au bout de la verge ; & M. Grey dit, que lui & sa compagnie purent voir clairement, qu'elle étoit composée de filets ou rayons de lumiere séparés, qui divergeoient en sortant de la pointe de la verge, & que les rayons extérieurs étoient courbés. Cette lumiere paroissoit à chaque frottement du tube.

Ils observerent pareillement, que cette lumiere étoit toujours accompagnée d'un petit sifflement, qui, à ce qu'ils imaginerent, commençoit à l'extrémité la plus près du tube, & augmentoit de force jusqu'à ce qu'il parvînt à l'extrémité opposée. Il dit cependant que ce bruit ne pouvoit être entendu que des personnes qui étoient proche de la verge, & qui y faisoient attention (a).

M. Grey répétant ces expériences au mois de Septembre suivant, après

***

(a) Phil. Transf. Abridged, vol. 8, pag. 398.

fon retour à Londres, obferva un fait qui, dit-il, le furprit beaucoup. Après que le tube eut été appliqué à la verge de fer, comme auparavant, & que la lumiere qu'on avoit apperçue aux deux bouts, eut difparu, elle reparut de noùveau en approchant la main près de l'extrémité de la verge; & en réitérant ce mouvement de la main, le même phénomene fe fit voir cinq ou fix fois de fuite, à l'exception qu'à chaque fois, les rayons devinrent de plus courts en plus courts. Il obferva auffi que ces lumieres, que le tube produifoit à l'approche de la main, étoient accompagnées d'un fifflement comme les autres.

Il remarqua que la lumiere qui parut à l'extrémité la plus près du tube, lorfqu'on le tint oblique à la longueur de la verge, avoit fes rayons pliés vers lui, & que pendant tout le temps qu'il employa à frotter le tube, ces éclats de lumiere parurent à chaque mouvement que fa main faifoit fur le tube, en montant & defcendant; mais que les plus grands éclats étoient produits quand sa main descendoit (a).

Quand il se servit de deux ou trois verges, les posant ou en ligne droite, ou de maniere à former un angle quelconque l'une avec l'autre, & qu'il appliqua le tube à l'une de leurs extrémités, il remarqua que le bout le plus éloigné de la verge la plus écartée donnoit les mêmes phénomenes qu'une verge simple (b).

En se servant d'une verge qui n'étoit pointue que par un bout, il remarqua que l'autre bout ne donnoit qu'un simple craquement, mais beaucoup plus fort que le plus grand de ceux que donnoit la pointe de la verge, & aussi, que cette douleur semblable à une piquûre ou brûlure, se faisoit sentir plus fortement, & que la lumiere étoit plus brillante & plus resserrée.

En assujettissant une assiette d'étain sur la verge de fer, & remplissant

_____

(a) Phil. Transf. Abridged, vol. 8, pag. 399.

(b) Ibid. pag. 400.

E v

l'affiette d'eau , il obferva la même lumiere , la même impulfion contre le doigt , & le même craquement , que quand on fit l'expérience avec l'affiette vùide. Et quand on fit l'expérience avec de l'eau en plein jour , elle parut s'élever en une petite monticule fous le doigt qu'on lui préfentoit , & après le craquement elle retomboit , communiquant à l'eau un mouvement d'ondulation près de l'endroit où elle s'étoit foulevée.

Ces effets furent les mêmes que ceux qu'il avoit déja obfervés provenir de l'action immédiate du tube ; il trouva feulement , dit-il , par ces expériences , une chofe qui lui parut un avancement réel dans cette fcience ; favoir , qu'on pouvoit produire par l'électricité communiquée , une flamme actuelle , avec une explofion & une ébullition dans l'eau froide. Ce qu'il ajoute eft fi remarquable , que je le rapporterai dans fes propres termes ». Et quoique ces » effets jufqu'à préfent n'aient été produits que très en petit , il eft probable qu'on pourra avec le temps » trouver une façon de raffembler

» une plus grande quantité du feu
» électrique, & par conféquent d'au-
» gmenter la force de cette puif-
» fance, qui par plufieurs de ces ex-
» périences, (s'il eft permis de com-
» parer les petites chofes aux gran-
» des) femble être de la même na-
» ture que celle du tonnerre & de
» l'éclair (a).

Cette efpece de prophétie a été
exactement accomplie dans les découvertes des Electriciens de Leyde,
& du Docteur Franklin, les premiers ayant découvert l'accumulation furprenante de la puiffance électrique, dans ce que l'on appelle la
bouteille de Leyde ; & l'autre aiant
prouvé que la matiere du tonnerre
eft précifément la même que celle
de l'Electricité. Cependant il fe peut
faire que M. Grey n'ait fait mention
du tonnerre & de l'éclair, que par
maniere de comparaifon.

Le 18 Février 1735, M. Grey répétant fes expériences avec des ba-

_____

(a) Phil. Tranf. Abridged, vol. 8,
pag. 401.

E vj

guettes de bois, au lieu de verges
de fer, dont il s'étoit fervi auparavant, trouva que tous les effets
étoient femblables; mais beaucoup
plus foibles, comme on fait très-
bien maintenant que la chofe a
dû arriver; parce que le bois eft un
conducteur fort imparfait, & qu'il
ne l'eft qu'à proportion de l'humidité qu'il contient.

Il rapporte en même temps, qu'en
répétant l'électrifation de l'eau, il
trouva que les phénomènes ci-devant indiqués étoient produits, non-
feulement en tenant le tube proche
de l'eau, mais encore quand après
l'en avoir écarté, on en approchoit
le doigt (a).

Le 6 de Mai de la même année,
il fufpendit encore un enfant fur des
cordons de foie, & trouva que cet
enfant étoit en état de communiquer
le feu électrique, d'abord à une perfonne, & enfuite à plufieurs, pourvu qu'elles fuffent ifolées.

_____

(a) Phil. Tranf. Abridged, vol. 8,
pag. 402.

M. Grey semble toujours avoir imaginé que l'électricité dépendoit en quelque sorte de la couleur. L'enfant suspendu sur des cordons bleus, dit-il, garda son pouvoir d'attraction cinquante minutes; sur des cordons écarlates vingt-cinq minutes, & sur des cordons orangés, vingt-une minutes. Nous voyons, dit-il, par ces expériences, l'efficacité de l'électricité sur des corps soutenus par des cordons de la même substance, mais de différentes couleurs (a).

Mais la plus grande erreur que ce Savant paroît avoir adoptée, fut occasionnée par des expériences qu'il fit avec des balles de fer, pour observer la révolution des corps légers autour d'elles. L'article qui regarde ces expériences, étant le dernier que M. Grey ait écrit, je le rapporterai tout au long, comme une chose curieuse.

» J'ai fait dernierement, dit-il, » plusieurs expériences nouvelles sur

_____

(a) Phil. Transf. Abridged, vol. 8, pag. 403.

» le mouvement projectile & d'ofcil-
» lation des petits corps par l'élec-
» tricité; au moyen defquelles on
» peut faire mouvoir de petits corps
» autour des grands, foit en cercles
» ou en ellipfes, qui feront concentri-
» ques ou excentriques au centre du
» plus grand corps, autour duquel
» ils fe meuvent, de façon qu'ils faf-
» fent plufieurs révolutions autour
» d'eux. Ce mouvement fe fera conf-
» tamment du même fens que celui
» dans lequel les Planetes fe meu-
» vent autour du Soleil, c'eft-à dire
» de droite à gauche, ou d'Occi-
» dent en Orient; mais ces petites
» Planetes, fi je puis les nommer
» ainfi, fe meuvent beaucoup plus
» vîte dans les parties de l'Apogée,
» que dans celles du Perigée de leurs
» orbites; ce qui eft directement con-
» traire au mouvement des Planetes
» autour du Soleil (a).

M. Grey n'a fongé à ces expériences que fort peu de temps avant fa

_____

(a) Phil. Tranf. Abridged, vol. 8,
pag. 404.

derniere maladie, & n'a pas eu celui de les achever ; mais la veille de sa mort, il fit part des progrès qu'il y avoit déja faits au Docteur Mortimer , alors Secrétaire de la Société royale. Il dit que chaque fois qu'il les répétoit, elles lui caufoient une nouvelle furprife ; & qu'il efpéroit , fi Dieu lui confervoit encore la vie quelque temps, pouvoir d'après ce que promettoient ces phénomenes, porter fes expériences électriques à la plus grande perfection. Il ne doutoit pas qu'il ne fût en état, dans fort peu de temps, d'étonner le monde avec une nouvelle forte de Planétaire, auquel on n'avoit jamais penfé jufqu'alors, & que d'après ces expériences il pourroit établir une théorie certaine pour expliquer les mouvements des corps céleftes. Ces expériences, toutes trompeufes qu'elles font, méritent d'être rapportées, ainfi que celles que l'on fit en conféquence après la mort de M. Grey. Je les rapporterai, dans les propres termes de M. Grey, telles qu'il les donna à M. Mortimer , au lit de la mort.

Placez, dit-il, un petit globe de fer d'un pouce, ou un pouce & demi de diametre, foiblement électrisé, sur le milieu d'un gâteau circulaire de résine, de sept ou huit pouces de diametre ; & alors un corps léger suspendu par un fil très-fin, de cinq ou six pouces de long, tenu dans la main au-dessus du centre de la table, commencera de lui-même à se mouvoir en cercle autour du globe de fer, & constamment d'Occident en Orient. Si le globe est placé à quelque distance du centre du gâteau circulaire, le petit corps décrira une ellipse qui aura pour excentricité la distance du globe au centre du gâteau.

Si le gâteau de résine est d'une forme elliptique, & que le globe de fer soit placé à son centre, le corps léger décrira une orbite elliptique de la même excentricité que celle de la forme du gâteau.

Si le globe de fer est placé auprès ou dans un des foyers du gâteau elliptique, le corps léger aura un mouvement beaucoup plus vîte dans l'apogée que dans le périgée de son orbite.

Si le globe de fer eſt fixé ſur un piédeſtal, à un pouce de la table, & que l'on place autour de lui un cercle de verre, ou une portion de cylindre de verre creux électriſé, le corps léger ſe mouvera comme dans les circonſtances ci-deſſus, & avec les mêmes variétés.

Il dit de plus, que le corps léger feroit les mêmes révolutions, mais ſeulement plus petites, autour du globe de fer, placé ſur la table nue, ſans aucun corps électrique pour le ſoutenir; mais il avoue qu'il n'a pas trouvé que l'expérience réuſſît, quand le fil étoit ſoutenu par autre choſe que la main [11], quoiqu'il imagine qu'elle auroit réuſſi, s'il eût

☞ [11] Ceci prouve bien, comme le dit plus bas M. Wheeler, que le déſir de réuſſir eſt la cauſe ſecrete qui produit le mouvement d'Occident en Orient, & qui fait que l'on donne machinalement, & ſans s'en appercevoir, une petite impulſion dans cette direction.

été soutenu par quelque subftance animale vivante ou morte (a).

M. Grey continua de faire part à M. Mortimer d'autres expériences encore plus erronées, que je me difpenferai de citer par égards pour fa mémoire. Que les chimeres de ce grand Electricien apprennent à ceux qui le fuivent dans la même carriere, qu'il faut être bien circonfpect dans les conféquences que l'on tire. Il ne faut pourtant pas que l'exemple décourage perfonne d'effayer ce qui pourroit ne pas paroître probable ; mais il doit engager du moins à différer la publication des découvertes, jufqu'à ce qu'elles aient été bien confirmées, & que les expériences aient été faites en préfence d'autres perfonnes. Dans des expériences délicates une imagination forte influera beaucoup même fur les fens extérieurs ; nous en verrons des exemples fréquents dans le cours de cette hiftoire.

Le Docteur Mortimer femble avoir

_____

(a) Phil. Tranf. Abridged, vol. 8, pag. 404, 405.

été trompé lui-même par ces expériences de M. Grey ; il dit qu'en les essayant après sa mort, il trouva que le corps léger faisoit des révolutions autour des corps de différentes figures , & de différentes substances , aussi bien qu'autour du globe de fer, & qu'il avoit récemment essayé l'expérience avec un globe de marbre noir , une écritoire d'argent , un petit copeau de bois , & un gros bouchon de liege (a).

Ces expériences de M. Grey furent essayées par M. Wheeler & d'autres personnes , dans la maison ou s'assemble la Société royale, & avec une grande variété de circonstances ; mais on ne put tirer aucune conséquence de ce qu'ils observerent pour lors. M. Wheeler se donnant lui-même bien des peines pour les vérifier , eut des résultats différents ; & à la fin, il dit que son opinion étoit que, le desir de produire le mouvement d'Occident en Orient ,

_____

(a) Phil. Transf. Abridged. vol. 8 , pag. 405.

étoit la caufe fecrette qui avoit déterminé le corps fufpendu à fe mouvoir dans cette direction , au moyen
de quelque impreffion qui venoit
de la main de M. Grey , auffi bien
que de la fienne ; quoiqu'il ne fe
fût point apperçu lui même qu'il don-
nât aucun mouvement à fa main (a).

_____

(a) Phil. Tranf. Abridged , vol. 8,
pag. 418.

PÉRIODE VI [12].

Expériences du Docteur Defa-guliers.

Nous voici maintenant arrivés aux travaux du Docteur Defaguliers, qui fe donna bien des peines pour enrichir ce nouveau champ de fcience. La raifon qu'il apporte de ce qu'il a differé jufqu'alors d'entretenir la Société royale fur ce fujet, & pourquoi il ne l'a pas pouffé auffi loin qu'il auroit pu le faire, mérite d'être détaillée, parce qu'elle peut faire connoître le caractere de M. Grey. Il dit qu'il n'a pas voulu

---

☞ [12] C'eft ici où l'on auroit dû placer les premieres expériences de M. l'Abbé Nollet. Il a travaillé, de l'aveu même de l'Auteur, conjointement avec M. Dufay; & c'eft peu de temps après la mort de ce dernier qu'il a publié fon *Effai fur l'Electricité*, ouvrage dans lequel eft contenue toute fa théorie fur cette matiere.

se trouver en opposition avec feu M. Grey, qui avoit tourné toutes ses vues vers l'Electricité, & qui étoit d'un caractere à l'abandonner entiérement, s'il eût imaginé que l'on fît quelque chose contre lui (a).

Le Docteur Desaguliers commence par observer que les phénomenes de l'Electricité sont si singuliers, que quoique l'on ait fait un grand nombre d'expériences sur ce sujet, on n'a pas encore pu établir, d'après leur comparaison, une théorie qui puisse conduire à la cause de cette propriété dans les corps, ou qui puisse faire juger de tous ses effets, ou découvrir quelle influence l'Electricité a dans la nature, quoique ce que nous en avons vu, peut faire conjecturer qu'elle doit être fort utile, parce qu'elle est fort étendue.

Ses premieres expériences, dont on a donné le détail dans les Transactions Philosophiques sous la date du mois de Juillet 1739, furent faites

_____

(a) Phil. Transf. Abridged, vol. 8, pag. 419.

avec une corde de chanvre étendue
fur une corde de boyau. Au bout
de la corde de chanvre, il fufpendit différentes fubftances, & dit que
toutes celles qu'il effaya, parmi lefquelles étoient plufieurs corps électriques par eux-mêmes, comme le
foufre, le verre, &c. fans exception, reçurent l'électricité (a).

Il changea une de fes cordes de
boyau, fur laquelle étoit étendu le
cordon de chanvre, & mit à fa place diverfes fubftances, pour effayer
quels corps tranfmettroient l'électricité au corps fufpendu, & quels feroient ceux qui ne le feroient pas.
Et d'après le réfultat de fes expériences, il conclut que les corps en qui
l'électricité ne pouvoit pas être excitée par frottement, intercéptoient
les émanations électriques, & que
ceux en qui elle pouvoit être ainfi
excitée, ne les interceptoient pas;
mais les laiffoient paffer à l'extrémité du cordon de chanvre. Mais il

_____

(a) Phil. Tranf. Abridged, vol. 8,
pag. 420.

n'étoit pas encore bien inftruit, qu'à
l'exception des métaux, c'étoit l'humidité dans les corps qu'il effaya,
qui interceptoit les émanations électriques; & fes idées fur la maniere
dont elles étoient interceptées, étoient
fort imparfaites.

Nous fommes redevables au Docteur Defaguliers, de quelques termes techniques qui ont été extrêmement utiles à tous les Electriciens
jufqu'à ce jour, & qui refteront probablement en ufage auffi long-temps
que l'on étudiera cette matiere. Ce
fut lui qui appliqua le premier le
terme de *conducteur* au corps à qui le
tube électrifé communique fon électricité, terme qu'on a étendu depuis
à tous les corps qui font capables de
recevoir ainfi cette vertu, & il appelle *électriques par eux - mêmes*, les
corps dans lefquels ont peut exciter
l'électricité en les chauffant ou en
les frottant.

On trouve dans les écrits de cet
Auteur, beaucoup d'axiomes relatifs
aux expériences électriques, dont
quelques-uns font expliqués d'une
maniere plus diftincte & plus claire,

qu'ils

qu'ils ne l'avoient été ci-devant. Mais
les progrès réels qu'il a faits font en
petit nombre & peu importants.

Dans plufieurs occafions, & fur-
tout dans un mémoire qu'il a remis
à la Société Royale, au mois de Janvier 1741, il donne entre autres, les
regles générales fuivantes, qui femblent être plus exactes qu'aucune de
celles qu'on avoit données auparavant fur ce fujet (a).

» Un corps électrique par lui-mê-
» me ne recevra point l'électricité
» d'un autre corps électrique par lui-
» même, dans lequel elle aura été ex-
» citée, de maniere qu'elle s'étende
» dans toute fa longueur; mais il ne
» la recevra que dans un petit efpa-
» ce, en étant pour ainfi dire raf-
» fafié.

» Un corps électrique par lui-mê-
» me ne perdra pas toute fon électri-
» cité à la fois; mais feulement l'é-
» lectricité de fes parties auxquelles
» on préfente un corps non électri-

_____

(a) Phil. Tranf. Abridged, vol. 8,
pag. 430.

» que ; par conféquent, il perd fon
» électricité d'autant plus vîte qu'il
» fe rencontre plus de ces corps au-
» près de lui. Ainfi par un temps hu-
» mide, le tube électrifé conferve
» fa vertu fort peu de temps, parce
» qu'il agit fur les vapeurs humides,
» qui flottent dans l'air. Et fi on fait
» agir le tube électrifé fur une feuil-
» le d'or pofée fur un guéridon, il
» agira fur elle beaucoup plus long-
» temps & plus fortement, que fi
» la même quantité de feuilles d'or
» étoit pofée fur une table qui a plus
» de furface non électrique, que le
» guéridon (a) ». Ceci ne paroît pas cependant être l'unique raifon ; car fi
on plaçoit la feuille d'or fur une
large furface de verre, elle ne recevroit pas l'action fi puiffamment, que
fi elle étoit placée fur un guéridon
étroit, de quelque matiere qu'il fût.

» Un corps non électrique, quand
» il a reçu l'électricité, la perd toute
» à la fois, à l'approche d'un au-

(a) Philof. Tranf. Abridged, vol. 8,
pag. 427.

» tre corps non électrique ». Cependant cela n'arrive que quand le corps non électrique qu'on approche, n'est pas isolé. Il faut aussi qu'il soit mis en contact avec le corps électrisé.

» Les substances animales ne sont » point électriques à cause des flui- » des qu'elles contiennent (a).

» L'électricité excitée s'étend en » forme de sphére autour du corps » électrique par lui-même, ou en for- » me de cylindre, si le corps est cy- » lindrique (b).

Dans le nombre des expériences qu'a faites le Docteur Desaguliers, & dont on a publié le détail dans les Transanctions Philosophiques, il y en a peu, comme je l'ai observé ci-devant, qui contiennent quelque chose de nouveau. Voici celles qui sont les plus curieuses.

En tâchant de communiquer l'électricité à une chandelle de suif allumée, il observa que la chandelle

----

(a) Philos. Transf. Abridged, vol. 8, pag. 429.

(b) Ibid. pag. 431.

F ij

attiroit le fil d'essai, excepté dans la
longueur de deux ou trois pouces
vers la flamme ; mais que sitôt que
la chandelle fut soufflée, le fil fut
attiré par toutes ses parties, & même par la méche, quand le feu en
fut tout-à-fait éteint. Il électrisa une
bougie de la même maniere, & l'expérience réussit aussi bien, à l'exception seulement que l'électricité n'approcha pas si près de la flamme dans
la chandelle de suif.

Il dit que la seule action de chauffer un récipient de verre sans le frotter, a suffi pour obliger les bārbes
d'un duvet de plume attaché à un bâton vertical, à s'étendre d'elles-mêmes sitôt que le récipient fut placé
sur la plume ; & que quelquefois
la résine & la cire donnent des signes
d'électricité, en les exposant simplement en plein air.

Il observa que si un tube de verre
creux, qui soutiendroit la piece de
communication, étoit humecté en
soufflant à travers, il intercepteroit
l'électricité.

Il dit que quand un tube électrisé
a repoussé une plume, il l'attirera

de nouveau, fi on le trempe fubitement dans l'eau ; mais que dans le beau temps il ne l'attirera point , à moins qu'il n'ait été trempé affez profondément , par exemple un pied de fa longueur au moins ; au lieu que par un temps humide , un pouce ou deux fuffiroient (a).

Il a fait voir l'attraction de l'eau par un tube électrifé , d'une maniere bien meilleure qu'on n'avoit fait jufqu'alors ; favoir , en préfentant le tube à un jet fortant d'une fontaine de compreffion , qui alors s'inclina fenfiblement vers lui.

Le Docteur Defaguliers paroît avoir été le premier qui ait dit expreffément, que l'air pur pouvoit être rangé parmi les corps électriques par eux-mêmes , & que l'air froid dans un temps de gelée , où il s'éleve le moins de vapeurs , eft préférable pour les expériences électriques , à l'air de l'été , où la chaleur éléve plus de va-

(a) Phil. Tranf. Abridged , vol. 8 , pag. 429.

F iij

peurs (a). Il suppofoit auffi que l'électricité de l'air étoit de l'efpece vitrée,
& il expliquoit pourquoi l'électricité
ne paroît qu'à l'intérieur d'un vaiffeau de verre vuidé d'air, en difant
qu'elle fe porte où elle rencontre le
moins de réfiftance de la part d'un
corps auffi électrique que l'air (b).

Il tâcha d'expliquer l'abforption de
l'air par les vapeurs du foufre, con-
formément à l'expérience du Docteur Hales, en fuppofant que les particules de foufre & celles d'air,
ayant différente efpece d'électricité,
s'attiroient les unes les autres, ce
qui détruifoit leur force répulfive.
Il propofa auffi la conjecture fuivante fur l'élévation des vapeurs. L'air
à la furface de l'eau étant électrique,
les particules d'eau s'y attachoient, à
ce qu'il penfoit ; enfuite devenant elles mêmes électriques, elles fe repouffoient les unes les autres, & conféquemment elles montoient dans des

_____

(a) Philof. Tranf. Abridged, vol. 8,
pag. 437.
(b) Ibid. pag. 438.

régions plus élevées de l'atmofphere (a) [13].

Le dernier mémoire du Docteur
Defaguliers, au fujet de l'électricité,
eft inféré dans les Tranfactions Philofophiques, fous la date du 24 Juin
1742. Il publia dans cette année une
Differtation qui remporta le Prix de
l'Académie de Bordeaux. Cette differtation eft parfaitement bien faite,
& renferme tout ce qu'on avoit découvert jufqu'alors fur cette matiere.

(a) Philof. Tranfact. Abridged, vol. 8,
pag. 437.

☞ [13] M. Defaguliers nous a donné ici
d'affez mauvaifes raifons de ces deux faits;
mais comme ils ne dépendent point du tout
de l'Electricité, ce n'eft pas ici le lieu de réfuter ces raifons.

PÉRIODE VII.

Expériences des Allemands & du Docteur Watson, avant la découverte de la bouteille de Leyde, dans l'année 1746.

VERS le temps où le Docteur Desaguliers eut fini ses expériences en Angleterre en 1742, plusieurs savans d'Allemagne commencerent à travailler dans le même genre avec beaucoup de soin, & leurs travaux furent récompensés par des succès très-considérables.

Nous sommes redevables aux Allemands de bien des améliorations importantes qu'ils firent à notre appareil électrique, sans lesquelles les progrès auroient été fort lents & peu intéressants; mais au moyen de leurs inventions, ils produisirent bientôt des effets surprenants, comme nous le verrons.

M. Boze, Profeſſeur de Phyſique à Wittemberg, ſubſtitua le globe au tube qui avoit toujours été en uſage depuis le temps d'Hawkeſbée. Il ajouta pareillement un *premier conducteur*, qui conſiſtoit en un tube de fer ou de ferblanc, ſoutenu d'abord par un homme monté ſur des gâteaux de réſine, & enſuite ſuſpendu ſur de la ſoie horiſontalement devant le globe (*a*).

Pour empêcher le tube de faire aucun tort au globe, il mit un paquet de fil à l'extrémité qui en étoit proche, & que l'on laiſſa ouverte exprès. Outre que cet expédient occaſionna divers phénomenes ſinguliers, il remarqua qu'il augmentoit de beaucoup la force du conducteur (*b*).

L'uſage du globe fut auſſi-tôt adopté dans l'Univerſité de Leipſik, où M. Winkler, Profeſſeur de Langues, ſubſtitua un couſſin au lieu de la main qu'on avoit employée auparavant

---

(*a*) Hiſtoire de l'Electritité, pag. 27.
(*b*) Philoſ. Tranſact. Abridged, vol. 10, pag. 271.

F v

pour électrifer le globe. Mais la meilleure chofe pour frotter le globe,
auffi-bien que le tube, fut jugée
long-temps après par tous les Electriciens, être la main feche & exemp-
te d'humidité (a).

Le R. Pere Gordon, Bénédictin
Ecoffois, & Profeffeur de Philofophie à Erford, fut le premier qui fe
fervit d'un cylindre au lieu d'un globe. Ses cylindres avoient huit pouces de longueur & quatre de diametre. On les faifoit tourner avec
un archet, & toute la machine étoit
portative, au lieu d'un gâteau de
réfine, il ifoloit au moyen d'un chaffis garni d'un filet de foie (b).

La plupart des Electriciens d'Allemagne avoient chacun un appareil
différent & fort coûteux. M. Winkler donne dans un mémoire lu à la
Société Royale le 21 Mars 1745 (c),
la defcription d'une machine pour

(a) Phil. Tranf. Abridged, vol. 10,
pag. 272.
(b) Hiftoire de l'Electricité, pag. 31.
(c) Phil. Tranf. Abridged, vol. 10,
pag. 273.

frotter les tubes, & d'une autre pour frotter les globes, & il compare les effets des deux. Il obſerve que les étincelles que produiſent les vaſes de verre, frottés avec l'archet, ſont plus grandes, & pincent avec plus de violence, pourvu que ces vaiſſeaux ſoient de la même grandeur que les globes, mais l'écoulement des émanations n'eſt pas ſi conſtant que celui qui provient des Globes. M. Winkler inventa auſſi une machine, qu'il décrit au long dans ſes ouvrages, au moyen de laquelle il pouvoit faire faire à ſon globe, ſix cent quatre-vingt tours en une minute (a).

Les Electriciens Allemands ſe ſervoient communément de plus d'un globe à la fois, & s'imaginoient en trouver les effets proportionnés, quoique ce fait ait été révoqué en doute par le Docteur Watſon & d'autres : & M. l'Abbé Nollet préféroit les globes qu'on avoit teints en bleu

_____

(a) Hiſtoire de l'Electricité, pag. 32.

avec du faffre, lefquels furent effayés avec foin, & rejettés dans la fuite par le Docteur Watfon [14].

La puiffance électrique qu'ils pouvoient exciter avec ces globes, tournés avec une grande roue, & frottés avec une étoffe de laine ou avec une main feche (car on trouve ces deux méthodes en ufage chez eux dans ce temps-là) étoit fi prodigieufe, que fi l'on en croit leurs propres relations, une étincelle électrique pouvoit tirer le fang du doigt, brûler la peau, & y faire une plaie

---

[14] Dans *l'effai fur l'Electricité des corps* de M. l'Abbé Nollet, imprimé pour la premiere fois en 1746, à la page 6, on lit ce qui fuit ». J'ai fait teindre de ce dernier
» verre (du verre blanc commun) en bleu,
» avec le faffre, & j'en ai fait faire des
» tuyaux qui font fort électriques ; mais je
» n'oferois dire fi j'en fuis redevable à la
» couleur ou à la qualité du verre ; car j'en
» ai fait faire une autrefois de femblables à
» la même verrerie dont je n'ai pas été auffi
» content que des premiers ». Mais M. l'Abbé Nollet n'a jamais dit dans aucun de fes ouvrages qu'il eût employé des globes de verre bleu, ni qu'il les préférât à ceux de verre blanc.

femblable à celle que feroit un cauf-tique. Ils difent, que fi on fe fer-voit de plufieurs globes ou tubes, le mouvement du cœur & des arte-res de la perfonne électrifée en fe-roit fenfiblement augmenté, & que fi on ouvroit la veine pendant cette opération, le fang qui en fortiroit paroîtroit lumineux comme un phof-phore, & couleroit plus vîte que fi l'homme n'étoit pas électrifé. Con-formément à cette derniere expérien-ce, ils obferverent que l'eau coulant d'une fontaine artificielle électrifée, fe difperfoit en gouttes lumineu-fes, & qu'il fortoit dans un temps donné, une plus grande quantité d'eau que quand la fontaine n'étoit pas électrifée (a). Nous favons qu'une partie de ce récit eft vrai, mais que le refte doit avoir été exagéré [15].

(a) Philof. Tranf. Abridged, vol. 10, pag. 277.

[15] Perfonne n'a fait les expériences qui concernent les écoulements électrifés, avec plus d'exactitude que M. l'Abbé Nol-let. Voyez ce qu'il en a conclu dans fes *re-cherches fur les caufes particulieres des Phé-*

Il est certain que le P. Gordon augmenta les étincelles électriques à tel point, qu'un homme les sentit de la tête aux pieds, & que de petits oiseaux en furent tués (a).

Ce qui nous frappe le plus dans les expériences faites avec ces machines, c'est qu'elles mettent le feu à des matieres inflammables. Ce qui les engagea sans doute à l'essayer, fut la vivacité de la lumiere électrique, la douleur brûlante que fait sentir une forte étincelle du conducteur, & les analogies que le fluide électrique a évidemment avec le phosphore & le feu ordinaire.

La premiere personne qui réussit dans cet essai, fut le Docteur Ludolf, de Berlin, qui vers le commencement de l'année 1744, alluma de l'éther avec les étincelles excitées par le frottement d'un tube de verre. Il fit cette expérience à la rentrée de

_____

(a) Recherches de M. l'Abbé Nollet, pag. 171.
nomenes Electriques, cinquieme Discours, pag. 348 & suiv. Les résultats en seront rapportés ci-après.

l'Académie Royale, & en présence de quelques centaines de personnes. Il termina ses expériences par des étincelles électriques, produites par un conducteur de fer. Jean Henry Winkler, Professeur des Langues Grecque & Latine à Leipick, fit la même chose au mois de Mai suivant, avec une étincelle tirée de son doigt, & alluma non-seulement l'éther fortement rectifié ; mais encore de l'eau-de-vie de France, de l'esprit de corne de cerf, & d'autres esprits encore plus foibles, en les chauffant auparavant. Il prétend aussi qu'on peut allumer, au moyen des étincelles électriques, de l'huile, de la poix, & de la cire d'Espagne, pourvu que d'abord on fasse chauffer ces substances à un degré qui approche de l'inflammation (a).

Les électriciens d'Allemagne construisirent pareillement une machine, par laquelle ils pouvoient frotter un cylindre de verre dans le vuide [16.]

_____

(a) Phil. Transf. Abridged, vol. 10, pag. 271.

☞ [16] M. Dufay avoit fait cette expé-

Ils imaginerent par ce moyen d'électrifer un fil de fer, qui avoit une de fes extrémités en plein air, & ils y trouverent une puiffance électrique confidérable. Ils électrifèrent auffi l'extrémité qui étoit en plein air, & l'autre bout qui étoit dans le vuide, donna auffi des fignes d'électricité (a).

Les mêmes Allemands font encore mention d'une expérience, qui, s'ils l'euffent fuivie, les auroit conduit à découvrir que le frottement du globe de verre ne produit pas, mais feulement raffemble la matiere électrique. Mais c'étoit une découverte réfervée, comme nous le verrons, au Docteur Watfon. Il paroît que M. Boze & M. Allamand, avoient fufpendu fur de la foie la machine & l'homme qui la mettoit en action; & ils obfervent que, non-feulement

_____

(a) Phil. Tranf. Abridged, vol. 10, pag. 275.
rience avant les Allemands, comme on le peut voir dans les Mémoires qu'il a lus à l'Académie en 1733 & 1734.

le conducteur, mais encore l'homme & la machine donnerent des signes d'électricité ; ils ne firent cependant pas une attention bien exacte à toutes les circonstances de ce fait curieux, qui ne répondoit point du tout à ce qu'ils attendoient. Car imaginant qu'une partie de la puissance électrique se perdoit continuellement à terre, par le moyen de la machine, ils suppofoient qu'en l'ifolant, elle auroit produit une électricité plus forte (*a*).

Ce fut dans ce même temps que Ludolf le jeune, démontra que le baromètre lumineux, est rendu parfaitement électrique par le mouvement du vif-argent, attirant d'abord, & ensuite repouffant des morceaux de papier, &c. fufpendus fur le côté du tube. Avant cette expérience, on avoit attribué ces effets à d'autres caufes (*b*).

A peu près, vers le même temps,

_____

(*a*) Wilfon's, effai, Préface, pag. 14. Watfon's Sequel, pag. 34.

(*b*) Hiftoire de l'Électricité, pag. 89.

M. Boze fe donna bien des peines pour déterminer, fi la péfanteur des corps feroit affectée par l'électricité; mais il ne s'apperçut pas que cela fût.

L'étoile électrique que l'on produit en faifant tourner fort vîte en rond, un morceau de fer blanc électrifé, découpé en pointes également éloignées du centre; ainfi que le carillon électrique, que l'on décrira dans la fuite parmi les expériences fingulieres qui fe font par le moyen de l'électricité, font de l'invention des Allemands (a). Enfin, on peut ajouter à tout ceci, que M. Winkler imagina une roue qu'il faifoit mouvoir par l'électricité; que M. Boze fit paffer l'électricité, par le moyen d'un jet d'eau, d'un homme à un autre, placés l'un & l'autre fur des gâteaux de réfine, à foixante pas de diftance, & que le P. Gordon mit même le feu à des liqueurs fpiritueufes, par le moyen d'un jet d'eau (b).

(a) Recherches de M. Nollet.
(b) Phil. Tranf. Abridged. vol. 10, pag. 276.

L'inflammation des émanations des corps, qui fut faite d'abord en Allemagne, fut bientôt après répétée en Angleterre, & entr'autres par le Docteur Miles, qui, a ce qu'il annonce dans un mémoire, lû à la Société Royale, le 7 Mars 1745 [17], alluma le phofphore, en y appliquant le tube électrifé, tout feul, & fans l'interpofition d'aucun conducteur (a).

Son tube fe trouvant alors bien difpofé, il remarqua (& il fut peut-être le premier) [18] des *faifceaux de*

_____

(a) Philof. Tranf. Abridged, vol. 10, pag. 272.

☞ [17] Le 28 Avril 1745, M. l'Abbé Nollet lut à l'Académie des Sciences un Mémoire, où il rendit compte de plufieurs expériences curieufes d'Electricité, qu'il avoit faites dans le courant des années précédentes, & entre autres des inflammations qu'il avoit produites par des étincelles électriques lancées fur des vapeurs & fur des liqueurs inflammables. On trouve auffi dans ce même Mémoire une analogie établie & prouvée entre la matiere électrique & le feu élémentaire. Voyez les *Mém. de l'Acad. des Scienc.* pour l'année 1745.

☞ [18] Le Docteur Miles n'eft fûrement

rayons qu'il appella *corufcations*, qui s'élançoient du tube fans le fecours d'aucun conducteur qui en approchât. Il a donné un deffein de ces corrufcations, qui répond affez exactement à l'apparence de ces aigrettes fpontanées, qui font fort communes actuellement, fur-tout depuis que M Canton nous a enfeigné l'ufage de l'amalgame, par lequel on peut électrifer un tube beaucoup plus fortement, qu'on n'avoit pu le faire auparavant (*a*).

Mais le nom le plus diftingué dans cette période de l'hiftoire de l'Electricité, eft celui du Docteur Watfon; il fut un des premiers d'entre les Anglois qui profita & enchérit même fur les découvertes faites par les Allemands : c'eft à fon génie &

(*a*) Phil. Tranf. Abridged, vol. 10, pag. 272.
pas le premier qui ait remarqué ces étincelles fpontanées qu'il appelle *corufcations*. Dans le Mémoire de M. l'Abbé Nollet, que nous venons de citer (note 17) elles font décrites & expliquées, & il y a une figure qui les repréfente.

à son application infatigable que nous devons beaucoup de progrès & de découvertes curieuses en Electricité. Les premieres lettres qu'il adressa sur ce sujet à la Société royale, sont datées des 28 Mars & 24 Octobre 1745 [19].

Il paroît que ce qui engagea d'abord, & principalement le Docteur Watson, à donner son attention à l'Electricité, fut d'avoir appris que les Allemands avoient allumé de l'esprit-de-vin par ce moyen. Il réussit dans cette entreprise, & il trouva de plus qu'il pouvoit allumer non-seulement l'éther & l'esprit-de-vin rectifié ; mais encore de l'eau-de-vie ordinaire de preuve. Il alluma aussi de l'air rendu inflammable par un

---

[19] On voit par la date du Mémoire de M. l'Abbé Nollet, cité ci dessus (note 17), & mieux encore par une lettre de M. Boze, rapportée dans le premier ouvrage imprimé de M. Watson, que M. l'Abbé Nollet avoit fait des découvertes semblables à celles de M. Watson, non-seulement avant qu'il y eût aucun commerce entr'eux ; mais même avant qu'il sût que M. Watson travailloit à l'Electricité.

procédé chymique (*a*) [20]. Il alluma
même de l'esprit-de-vin & de l'air inflammable, par le moyen d'une goutte d'eau froide, épaissie avec un mu-
cilage fait de graine d'herbe aux pu-
ces, & même par le moyen de la
glace (*b*); il allumoit encore ces substances avec une pincette chaude électrisée, lorsqu'il ne pouvoit pas les
enflammer dans un autre état (*c*). Il
mit le feu à de la poudre à canon,
& déchargea un fusil par le pouvoir
de l'électricité, après avoir broyé la
poudre avec un peu de camphre,
ou quelques gouttes de quelque
huile inflammable (*d*). Enfin, le Docteur Watson fut celui qui découvrit

---

(*a*) Phil. Transf. Abridged, vol. 10,
pag. 286.
(*b*) Ibid. pag. 290.
(*c*) Ibid. pag. 288.
(*d*) Ibid. pag. 289.
☞ [20] Il y a apparence que ce qu'on
appelle ici de *l'air inflammable*, n'est autre
chose que des vapeurs produites par certains
mélanges, comme de la limaille de fer avec
de l'esprit de nitre ou de l'esprit de sel.
C'est, je crois, la première inflammation que
M. l'Abbé Nollet a faite par l'Electricité.

que ces substances pouvoient être allumées par ce qu'il appelle *le pouvoir répulsif de l'Electricité* ; ce qui fut opéré en faisant tenir à la personne électrisée la cuiller qui contenoit la substance qui devoit être allumée, tandis qu'une autre personne non électrisée en approchoit son doigt. (*a*) Avant ce temps-là la substance qui devoit être allumée avoit toujours été tenue par une personne non électrisée.

Dans les essais qu'il fit pour enflammer des corps électriques par eux-mêmes, comme la térébenthine & le baume de copau, par cette puissance répulsive, il crut réfuter une opinion qui avoit prévalu chez beaucoup de gens, que l'électricité ne faisoit que flotter sur la surface des corps : car il trouva que la vapeur de ces substances ne pouvoit être allumée que par une étincelle tirée de la cuiller qui les contenoit. Cette étincelle doit donc nécessairement

(*a*) Philos. Transf. Abridged , vol. 10, pag. 281.

passer au travers du corps électrique en partant de la surface inférieure de la cuiller qui est en contact avec le conducteur électrisé.

En se servant de plusieurs morceaux de verre filés, & d'autres morceaux de fil de métal, de même longueur & de même grosseur, il fut agréablement surpris de remarquer que les fils de verre sautoient au corps électrisé, & s'y attachoient sans faire aucun bruit, au lieu que les fils de fer étoient fort vîte attirés & repoussés, en faisant un craquement & une petite flamme à chaque fois (a).

Il remarque dans un mémoire lu à la Société Royale le 6 Février 1746, que les étincelles électriques paroissoient de couleur & de forme différentes, selon les substances d'où elles sortent ; que le feu paroissoit beaucoup plus rouge sortant des corps bruts, comme le fer rouillé, &c. que des corps polis, quelque tran-

(a) Phil. Transf. Abridged. vol. 10, pag. 286.

chants

chans qu'ils fuſſent, comme des ci-
ſeaux polis, &c. Il jugea que cette
différente apparence venoit moins
d'aucune différence dans le feu lui-
même, que de la réflexion différente de la lumiere électrique, par la
ſurface des corps dont elle ſortoit (a).

Il obſerva pareillement que l'électricité ne ſouffroit point de réfrac-
tion en pénétrant le verre, ayant
trouvé par des obſervations exactes,
que ſa direction étoit toujours en
lignes droites, même au travers de
verres de différentes formes, renfermés les uns dans les autres, & entre leſquels on avoit laiſſé d'aſſez
grands intervalles (b). Si on poſoit des
livres ou autres corps non électriques
ſur du verre, & qu'on les plaçât
entre le corps électrique frotté, &
les corps légers, la direction de la
vertu étoit toujours en lignes droites, & ſembloit à l'inſtant paſſer à
travers les livres & le verre. Il re-

_____

(a) Phil. Tranſ. Abridged, vol. 10,
pag. 290.

(b) Ibid. pap. 291.

Tom. I.   G

marqua conftamment dans ces expériences, que l'attraction électrique
à travers le verre, étoit beaucoup
plus puiffante, quand on avoit chauffé le verre, que quand il étoit
froid (*a*). Il obferva quelquefois
que l'électricité traverfoit, quoiqu'en
petite quantité, des corps électriques
de plus de quatre pouces d'épaiffeur (*b*).

Il dit qu'en électrifant par communication des fubftances d'une grande étendue, la puiffance attractive
fe faifoit appercevoir d'abord à la
partie la plus éloignée du corps que
l'on frottoit.

Il fit quelques expériences qui montroient que le feu électrique n'étoit
affecté ni par la préfence ni par l'abfence de l'autre feu. Il fit une de fes
expériences avec un mêlange qui étoit
à trente degrés au-deffous de la con-
gélation au Thermometre de Fahren-
heit; & quand il fut électrifé, les
émanations furent auffi violentes,

(*a*) Philof. Tranf. Abridged, vol. 10,
pag. 292.
(*b*) Ibid. pag. 295.

& les coups aussi douloureux que si ç'eût été du fer rouge (a).

Dans une suite des expériences ci-dessus, qui fut lue à la Société royale le 30 Octobre 1746, le Docteur Watson fait mention qu'ayant enduit un globe de verre d'une épaisseur considérable d'un mêlange de cire & de résine, il ne trouva point de différence entre ce globe & les autres (b).

Il fit aussi diverses expériences avec quatre globes, qui tournoient en même-temps, & avoient un conducteur commun, & il en conclut que le nombre & la grosseur des globes augmentoient le pouvoir de l'électricité à un certain degré; mais point du tout en proportion de leur nombre ni de leur grosseur. Cependant le Docteur convient d'un accroissement fort grand, dans une conséquence qu'il tire de ces mêmes expériences. Comme les corps qu'on doit électrifer, dit-il, ne peuvent

_____

(a) Phil. Transf. Abridged, vol. 10, pag. 293.
(b) Ibid. pag. 295.

contenir qu'une certaine quantité
d'électricité , lorfqu'ils ont acquis
cette quantité , *ce qui eft bientôt fait
avec plufieurs globes*, le furplus fe dif-
fipe auffitôt qu'il eft reçu. De forte
qu'il eft clair , que plufieurs globes
raffembloient plus de feu , quoique
la forme du conducteur dont il fit
ufage , fût telle qu'elle ne pouvoit
pas le retenir. Suivant le compte qu'il
en rend lui-même , il eft clair que
fes quatre globes réunis avoient
une grande puiffance. Car il dit que
deux affiettes d'étain étant tenuës,
l'une dans la main d'une perfonne
électrifée , & l'autre dans la main
d'un autre homme , qui étoit debout
fur le plancher , les jets de flamme
étoient fi grands , & fe fuccédoient
fi vîte , que quand la chambre fut obf-
curcie , on pouvoit appercevoir diftinctement les vifages de treize perfonnes qui étoient autour de la chambre (*a*).

Enfin le Docteur trouva que la

(*a*) Phil. Tranf. Abridged , vol. 10,
pag. 295.

fumée des corps originairement électriques, étoit un conducteur d'électricité, & pareillement que la flamme la conduiroit toute entiere, &
fans aucune diminution; en obfervant que deux perfonnes montées
fur des corps électriques, pouvoient
fe communiquer la vertu l'une à
l'autre, fans autre corps interpofé,
que de la fumée dans un cas, & de
la flamme dans l'autre (a).

Ce fut dans cette période que M.
du Tour, découvrit que la flamme
détruifoit l'électricité; comme il en
informa M. l'Abbé Nollet, dans une
lettre du 21 Août 1745. M. Waitz
fit auffi la même découverte, & il
en publia le détail dans une differtation qui remporta, dans la même
année, le prix de l'Académie de Berlin.

_____

(a) Phil. Tranf. Abridged, vol. 10,
pag. 296.

PÉRIODE VIII.

Histoire de l'Electricité depuis la découverte de la Bouteille de Leyde en 1746, jusqu'aux découvertes du Docteur Franklin.

SECTION I.

Histoire de la Bouteille de Leyde, jusqu'aux découvertes du Docteur Franklin, qui y ont rapport.

L'ANNÉE 1746 fut fameuse par la découverte la plus surprenante qui eût encore été faite en Electricité. Elle consiste dans l'accumulation étonnante de la puissance électrique dans le verre, appellé d'abord la bouteille de Leyde, parce que cette expérience fut faite la première fois par M.

Cunéus, natif de Leyde, en en répétant quelques autres qu'il avoit vues
avec MM. Mufchenbroeck & Allaman, Profeffeurs dans l'univerfité de
cette Ville (a). Mais fi l'on en croit
d'autres relations, ce fut M. Mufchenbroeck lui-même qui fentit le coup le
premier, en fe fervant pour conducteur d'un canon de fer, foutenu fur
des cordons de foie (b).

Voici, à ce qu'on m'a affuré, les
vues qui conduifirent à cette découverte. M. Mufchenbroeck, avec quelques-uns de fes amis, obfervant que
les corps électrifés, expofés à l'air de
l'athmofphere toujours rempli de particules conductrices de différentes efpeces, perdoient bientôt leur électricité, & ne pouvoient en retenir
qu'une petite quantité, imaginerent
que, fi les corps électrifés étoient terminés de tous côtés par des corps
électriques par eux-mêmes, ils pourroient être capables de recevoir une
puiffance plus forte, & de la con-

(a) Dalibard, Hiftoire abrégée, p. 33.
(b) Hiftoire de l'Electricité, page 29.

G iv

ferver plus long-temps. Le verre étant
le corps électrique, & l'eau le non
électrique, les plus convenables pour
cet effet, ils firent d'abord ces expériences avec de l'eau dans des bouteilles de verre. Mais on ne fit pas
de découverte bien confidérable,
jufqu'à ce que M. Mufchenbroek,
ou M. Cuneus, tenant par hafard
d'une main le vaiffeau de verre contenant de l'eau, qui avoit communication avec le principal conducteur
par un fil de fer, & le détachant du
conducteur avec l'autre (lorfqu'il
crut que l'eau avoit reçu autant d'é-
lectricité que la machine pouvoit lui
en donner) fe fentit frapper fur les
bras & fur la poitrine d'un coup
fubit, qu'il n'avoit pas attendu devoir être le réfultat de l'expérience.

C'eft une chofe extrêmement curieufe que de lire les defcriptions
qu'en ont donné les Phyficiens qui
éprouverent les premiers la commotion; fur tout pouvant nous procurer la même fenfation, & par-là
comparer leurs defcriptions avec la
réalité. Il eft certain que la frayeur
& la furprife n'ont pas peu contri-

bué aux récits exagerés qu'ils en ont faits; & si nous n'eussions pas répété l'expérience, nous nous en serions formé une idée bien différente de ce qu'elle est réellement, même quand elle est donnée avec bien plus de force que n'ont pu le faire ceux qui l'ont sentie les premiers. Je ne crois pas inutile d'en rapporter un ou deux exemples.

M. Muschenbroeck, qui essaya l'expérience avec une vase de verre bien mince, dit dans une lettre qu'il écrivit à M. de Reaumur aussi-tôt qu'il l'eût faite, qu'il s'étoit senti frapper sur les bras, les épaules & la poitrine, au point qu'il en perdit la respiration, & fut deux jours avant que de revenir des effets du coup & de la frayeur. Il ajoute qu'il ne voudroit pas en essayer un second pour le Royaume de France (a).

La premiere fois que M. Allaman fit cette expérience (ce n'étoit qu'avec un simple verre à biere) il dit qu'il perdit pour quelques moments l'usa-

_____

(a) Histoire de l'Electricité, pag. 30.

G v

ge de la respiration, & sentit ensuite une si forte douleur le long du
bras droit, qu'il en appréhenda d'a-
bord des suites facheuses, quoique
bientôt après elle se dissipa sans aucun inconvenient (a). Mais la relation la plus remarquable est celle de
M. Winkler de Leipsick. Il dit que
la premiere fois qu'il essaya l'expérience de Leyde, il éprouva de
grandes convulsions dans tout le corps,
& qu'elle lui mit le sang dans une
agitation si violente, qu'il craignit
d'être attaqué d'une fievre chaude,
& fut obligé de prendre des remé-
des rafraîchissants. Il se sentit aussi
la tête pesante, comme s'il eût eu
une pierre dessus. Elle lui causa deux
fois, dit il, un saignement de nez,
auquel il n'étoit point sujet; sa femme, dont la curiosité fut sans doute plus forte que ses craintes, ne reçut le coup que deux fois, & se trouva si foible qu'elle pouvoit à peine
marcher; huit jours après, ayant eu

(a) Phil. Transf. Abridged, vol. 10,
pag. 321.

le courage de recevoir un autre commotion, elle faigna du nez après
l'avoir éprouvé une feule fois (a) [21].
Nous ne devons pas cependant

(a) Phil. Tranf. Abridged, vol. 10,
pag. 327.

☞ [21] La plupart des chofes que l'on
raconte ici, ne paroiffent pas mériter qu'on
y ajoute foi. Je n'ai jamais vu de fuites pareilles de cette commotion. Après l'avoir
éprouvé un très-grand nombre de fois moi-
même, & après l'avoir donnée à un très-
grand nombre de perfonnes des deux fexes
& de tout âge, je puis affurer qu'aucun de
nous n'a reffenti que la fecouffe dans le moment de l'expérience, & n'en a nullement
été incommodé dans la fuite. De plus, on
fuppofe ici des vues, qui conduifirent, dit-
on, M. Mufchenbroek à faire cette découverte ; on a grand tort, car elle n'appartient pas
à M. Mufchenbroek ; c'eft le hafard qui nous
l'a fournie. M. Cuneus, homme fimplement
curieux, en s'amufant à faire des expériences électriques, fit le premier celle-là, fans
avoir aucune vue, & en fit enfuite part à
MM. Mufchenbroek & Allaman, qui la
communiquerent, l'un à M. de Reaumur,
& l'autre à M. l'Abbé Nollet. Voyez là-
deffus un Mémoire de ce dernier Phyficien,
imprimé dans les *Mémoires de l'Académie
royale des Sciences*, pour l'année 1746, p. 1.

G vj

conclure de ces exemples, que tous les Electriciens aient été frappés de cette terreur panique. Il y en a peu, je crois, qui fuffent de l'avis de M. Muſchenbroek, en difant comme lui, qu'ils ne voudroient pas l'éprouver une ſeconde fois pour le royaume de France. Le courageux M. Boze, étoit d'un ſentiment bien différent, lui qui avec un héroïſme vraiment Philoſophique, dit qu'il voudroit mourir d'une commotion électrique, afin que le récit de ſa mort pût fournir un article dans les Mémoires de l'Académie royale des Sciences de Paris (a). Mais il n'eſt pas donné à tous les Electriciens, de mourir de la mort de M. Richman.

Cette expérience ſurprenante donna de l'éclat à l'Electricité. Elle devint depuis ce moment le ſujet général des converſations. Chacun fut empreſſé de voir, & même d'éprouver l'expérience, malgré le récit effrayant qu'on en faiſoit. Dès la même année où elle fut découverte,

_____

(a) Hiſtoire de l'Electricité, pag. 164.

il y eut nombre de personnes dans presque tous les pays de l'Europe, qui gagnerent leur vie à aller de tous côtés pour la montrer.

Tandis que le vulgaire de tout âge, de tout sexe, & de tous rangs considéroit ce prodige de la nature, avec surprise & étonnement, nous ne sommes pas surpris de trouver tous les Electriciens de l'Europe s'employer aussi tôt à répéter cette fameuse expérience, & à en étudier les circonstances. M. Allaman remarqua, que quand il l'essaya pour la première fois, il étoit tout simplement sur le parquet, & non pas sur des gâteaux de résine. Il prétend qu'il ne réussit pas avec toute sorte de verres; que quoiqu'il en ait essayé de plusieurs, il n'a réussi parfaitement qu'avec ceux de Bohême, & que ceux d'Angleterre n'ont produit absolument aucun effet (a). M. Muschenbroeck observa seulement alors, qu'il ne faut pas que le verre soit humide en dehors.

_____

(a) Phil. Transf. Abridged, vol. 10, pag. 321.

Il ne faut pas s'étonner qu'on ait connu d'abord si peu des propriétés du verre chargé de feu électrique, malgré l'attention que donnerent aussitôt à ce sujet tous les Electriciens de l'Europe. Les plus profonds voient encore aujourd'hui cette expérience avec un juste étonnement; car quoique le Docteur Franklin & d'autres en aient parfaitement expliqué quelques phénomenes remarquables, il reste encore beaucoup à faire, & les faits qui l'accompagnent, font encore inexpliquables à bien des égards. Le temps seul nous fera voir quel sera le résultat de l'attention plus sérieuse qu'on y donnera. Le Docteur Watson qui rend compte de cette expérience fameuse, dans les Transactions Philosophiques (22),

---

☞ [22] J'ignore en quel temps M. Watson a rendu ce compte. Mais il est certain que c'est en France qu'on a répété pour la premiere fois l'expérience dont il s'agit, & c'est M. l'Abbé Nollet qui l'a répété le premier, & qui lui a donné le nom d'expérience de Leyde. Il la fit peu de jours après qu'elle eut été annoncée par une Let-

obferve qu'elle ne réuffit jamais mieux que quand la bouteille qui contient l'eau, eft du verre le plus mince, & l'eau plus chaude que l'air environnant. Il dit qu'il a effayé d'augmenter la quantité d'eau jufqu'à feize pintes dans des vafes de verre de différentes grandeurs, fans augmenter la commotion le moins du monde. Il a remarqué auffi que la force du coup n'augmentoit pas en proportion de la grandeur du globe ou du nombre des globes dont on fe fervoit dans cette occafion ; car il avoit été frappé auffi fortement avec une bouteille chargée par le moyen d'un globe de fept pouces de diametre, que par un de feize, ou par trois de dix ; & on avoit employé à Hambourg, une fphére dont le diametre avoit une aune de Flandre,

---

tre de M. Mufchenbroek à M. de Reaumur, & par une autre Lettre de M. Allaman, à M. l'Abbé Nollet lui-même, & il rendit compte de toutes fes circonftances dans un Mémoire qu'il lut à l'Académie le 20 Avril 1746. Voyez les *Mémoires de l'Académie des Sciences* pour cette année, pag. 1.

sans voir augmenter la puissance électrique, comme on s'y attendoit. Il
trouva que quand on se servoit de
mercure, au lieu d'eau, le coup n'en
étoit point augmenté à proportion
de sa pesanteur spécifique. Il observa aussi le premier, que plusieurs
hommes de suite, se tenant les uns
les autres, & montés sur des corps
électriques, étoient tous frappés,
quoiqu'il n'y en eût qu'un seul, qui
touchât au canon ; mais qu'on ne
voyoit pas sortir d'eux tous, plus
de feu que s il fût provenu d'un
seul.

Plusieurs de ces observations montrent qu'on n'entendoit cette grande
expérience que bien imparfaitement,
quelque temps après qu'elle fut faite pour la premiere fois. Cependant
le Docteur Watson, observa une
circonstance qui regarde la maniere
de charger la bouteille, & qui, s'il
l'eût suivie, l'auroit conduit à la découverte que M. Franklin fit par la
suite. Il dit que, quand la bouteille
est bien électrisée, & qu'on y applique la main, on voit le feu s'élancer de l'extérieur du verre, par-tout

où on le touche, & qu'il fait un craquement dans la main (a).

Il observa pareillement, que quand on attachoit simplement un fil de fer autour d'une bouteille suffisamment remplie d'eau tiede, & chargée, on voyoit à l'instant de son explosion le feu électrique s'élancer du fil de fer, & illuminer l'eau contenue dans la bouteille.

Le Docteur Watson a observé plusieurs autres circonstances importantes, relatives à la décharge de la bouteille. Il trouva que la commotion étoit, toutes choses égales d'ailleurs, comme les points de contact des corps non électriques sur le dehors de la bouteille : & lorsqu'il fit voir au Docteur Bevis les expériences qui prouvoient cette assertion, le Docteur lui suggéra une méthode de la prouver, plus claire & plus satisfaisante, & qui a donné le moyen d'accumuler & d'augmenter la force du verre chargé, bien au-delà

_____

(a) Phil. Transf. Abridged, vol. 10, pag. 298.

de ce qu'on s'étoit promis de la premiere découverte. Cette méthode fut d'envelopper la phiole en dehors à peu près jusqu'au col avec une feuille d'étain. Quand ils eurent préparé ainsi une bouteille, & l'eurent presque remplie d'eau, ils remarquerent qu'une personne, en tenant seulement à la main un petit fil de fer, qui communiquoit à cette enveloppe, sentit le coup aussi fort que si sa main eût posé immédiatement sur chaque partie de la phiole que touchoit cette enveloppe (a).

Le Docteur Watson découvrit aussi que le pouvoir électrique, dans la décharge de la bouteille, s'élance par le chemin le plus court entre le canon & la phiole, & quoiqu'il ne soit pas exactement vrai que cela se passe toujours ainsi, cela arrive pourtant le plus souvent, toutes choses égales d'ailleurs; ce qui seul étoit une découverte considérable pour ce temps-là. Il observa que dans un cer-

_____

(a) Phil. Transf. Abridged, vol. 10, pag. 299.

cle de gens qui fe tenoient par les mains , une perfonne qui en toucha deux autres de ce cercle , voifines l'une de l'autre , ne fe fentit point du coup, parce qu'elle ne faifoit point partie néceffaire du cercle , & pareillement qu'un homme qui tenoit un fil de fer communiquant avec l'extérieur de la bouteille, lorf-qu'elle fut fufpendue au conducteur, ayant touché le conducteur avec ce fil , l'explofion fe fit alors fans que l'homme fentît rien (a).

Dans un Mémoire qui fut lu à la Société royale le 21 Janvier 1748 , le Docteur Watfon fait mention d'une autre découverte au fujet de la bou-teille de Leyde , que le Docteur Be-vis lui fuggéra , & qu'il acheva. S'étant bien convaincu auparavant, que le coup n'étoit pas proportionné à la quantité de matiere contenue dans le verre, mais étoit augmenté par cette matiere , & pareillement par le nombre de points de contact

(a) Philof. Tranf. Abridged , vol. 10, pag 301.

des corps non électriques fur le dehors du verre ; il fe procura trois jarres , dans lefquelles il mit des grains de plomb à giboyer, & réunifiant leurs fils de fer & leur enveloppe , il les déchargea toutes comme fi ce n'eût été qu'une feule jarre. Sur quoi il obferve que l'explofion électrique paftant de deux ou trois de ces jarres, n'étoit pas double ou triple de celle qui partoit d'une feule; mais que l'explofion des trois étoit bien plus bruyante que celle de deux , & celle de deux plus que celle d'une feule (a).

Cette expérience l'avoit porté à imaginer que l'explofion venant d'une de ces jarres, étoit due à la grande quantité de matiere non électrique, qui y étoit contenue. Et tandis qu'il cherchoit une méthode certaine de s'en affurer , le Docteur Bevis lui apprit qu'il avoit trouvé, que l'explofion électrique étoit auffi grande en couvrant les côtés d'un vafe

_____

(a) Phil. Tranf. Abridged , vol. 10, pag. 302.

de verre (ce qu'avoit imaginé M. Smeaton) jufqu'à environ un pouce du bord, qu'elle auroit pu l'être, en partant d'une bouteille d'eau d'un demi-feptier. Sur quoi le Docteur Watfon fit garnir de grandes jarres de feuilles d'argent, tant en dedans qu'en dehors, jufqu'à un pouce du haut, & d'après la grande explofion qu'il leur fit produire, il fut d'avis que ce qui produifoit principalement l'effet de la bouteille de Leyde, ou qui l'augmentoit beaucoup, n'étoit pas tant la quantité de matiere non électrique contenue dans le verre, que le nombre des points de contact non électriques en dedans du verre, & la denfité de la matiere, pourvu qu'elle fût de fa nature, propre à être conducteur de l'électricité. Il obferve auffi que l'explofion eft plus grande quand l'eau enfermée dans le verre, eft chaude, que quand elle eft froide, & quand les jarres garnies font chauffées, que quand elles font froides (a).

_____

(a) Phil. Tranf. Abridged, vol. 10, pag. 377.

Le Docteur obferva que quand le cercle par lequel fe faifoit la décharge , n'étoit pas formé de conducteurs parfaits , l'explofion fe faifoit plus lentement , & pas toute à la fois. Il dit que cette loi étoit invariable , quoiqu'il ne fût pas en état de l'expliquer. Mais pour prouver que l'électricité paffoit avec toute fa force à travers le cercle des corps non électriques , il fit un circuit compofé de barres de fer , & de cuillers remplies de liqueurs fpiritueufes , placées entre chaque barre (mais à quelque petite diftance d'elle) & au moment de l'explofion , les cuillers furent en feu toutes à la fois. Ce fut , fuivant fa remarque , la premiere fois qu'on alluma des liqueurs fpiritueufes , fans que ces efprits , ou les corps non électriques fur lefquels ils étoient placés , fuffent ifolés. Cependant , dit il , quoique nous connoiffions , par les effets de l'électricité , qu'elle paffe à travers le cercle de corps non électriques avec toute fa force , fon progrès eft fi prompt , qu'elle n'affecte , foit en attirant ou autrement , aucuns corps légers placés fort proche des corps non électriques, à travers lesquels elle doit nécessairement passer (a).

On observe avec plaisir la maniere dont le Docteur Watson expliquoit la commotion de la bouteille de Leyde vers le temps où il en fit l'expérience pour la premiere fois. Il avoit alors été conduit, par une suite d'expériences qui seront rapportées dans la suite à la notion de l'*affluence* & de l'*effluence* de la matiere électrique dans toutes les expériences d'électricité. Pour appliquer ce principe au cas actuel, il supposoit que l'homme qui sentoit le coup fournissoit autant de feu de son propre corps, qu'il s'en accumuloit dans l'eau & dans le canon du fusil, & qu'il sentoit le coup aux deux bras, parce que le feu qui étoit dans son corps, s'élançoit avec force d'un bras au canon, & de l'autre à la bouteille. Il imagina que l'homme recevoit du parquet de la chambre, autant de matiere élec-

---

(a) Phil. Transf. Abridged, vol. 10, pag. 378.

trique qu'il en perdoit , & cela avec
une force égale à celle avec laquelle il la perdoit. Il paroît encore par
les remarques du Docteur Watſon,
ſur quelques expériences ſubſéquen-
tes de M. le Monnier , qu'il imagina alors que , quoiqu'une quantité
conſidérable de matiere électrique,
paſſât à travers le verre , cependant
la perte de la matiere électrique,
qui ſe faiſoit de cette maniere , n'é-
galoit pas la quantité qui y venoit
par le fil de fer ; la ténuité du verre
ne lui permettant pas d'arrêter l'électricité en totalité , mais ſeulement
en partie (a).

Dans la ſuite , lorſqu'après un cours
d'expériences dont nous rendrons
compte auſſi dans leur lieu , le Docteur Watſon changea d'avis ſur cette affluence & effluence de la matiere électrique , avec une généroſi-
té & une franchiſe digne de tout
homme qui cherche la vérité , il
rétracta cette hypothéſe , & en la

_____

(a) Philoſ. Tranſ. Abridged , vol. 10,
pag. 348.

réfutant

réfutant il ajoute de plus, que la
bouteille chargée feroit fon explofion avec une violence égale, fi le
crochet du fil de fer étoit courbé
au point d'approcher de l'enveloppe
de la bouteille, fans qu'il y eût
auprès aucun autre corps non électrique, qui pût lui en fournir une
fi grande quantité. Il avoit remarqué auffi que quand un homme étoit
monté fur du verre, & déchargeoit
la bouteille, il fentoit le même coup,
que s'il eût été debout fur le parquet. J'ajouterai un aveu remarquable du docteur dans cette occafion ;
parce que je crois que nous pouvons
nous l'appliquer à nous mêmes, quoique cette fcience foit actuellement
dans un état plus avancé.

» J'ai rapporté cela, dit le Doc-
»teur, d'autant que, malgré les grands
» progrès que nous avons faits depuis
» un petit nombre d'années dans cet-
» te partie de la Phyfique, la pofté-
» rité nous regardera encore comme
» des *novices*; nous devons donc, tou-
» tes les fois que nous y ferons au-
» torifés par les expériences, corri-
» ger toutes les conféquences que

Tom. I.   H

» nous pouvons avoir tirées , quand
» il s'en préfentera d'autres plus pro-
» bables (a).

Après avoir rendu compte de ce
que fit le Docteur Watfon pour expliquer la commotion électrique,
avant que le Docteur Franklin eût
entrepris la même chofe , voyons
quelles obligations nous avons à
d'autres Electriciens Anglois , & particulierement à M. Wilfon.

M. Wilfon dit qu'il découvrit
dès l'année 1746 , une méthode pour
donner la commotion à une partie
du corps quelconque , fans affecter
les autres (b). Il augmentoit la force
de la commotion en plongeant la
bouteille dans l'eau , & lui donnant
ainfi une enveloppe d'eau en-dehors,
jufqu'à la hauteur à laquelle elle
étoit remplie en-dedans (c).

Il marque à M. Smeaton dans une
lettre datée de Dublin , du 6 Octobre 1746 , qu'il avoit fait quelques

(a) Philof. Tranf. Abridged , vol. 10,
pag. 373.
(b) Wilfon's , effai , pag. 88.
(c) Ibid. pag. 71.

expériences pour découvrir la loi de l'accumulation de la matiere électrique dans la bouteille de Leyde, & qu'il avoit trouvé qu'elle étoit toujours en proportion de la ténuité du verre, de la furface du verre, & de celle des corps non électriques qui étoient en contact avec fes furfaces intérieure & extérieure. Ces expériences, dit-il, furent faites avec de l'eau un peu tiede, qui fut verfée dans la bouteille, tandis que le dehors étoit plongé dans un vaiffeau rempli d'eau, mais un peu plus froide, laiffant à découvert trois pouces ou environ, que l'on tint fecs & à l'abri de la pouffiere. Il écrivit le détail de cette expérience à M. Folkes, & on lut fa lettre à la Société Royale le 23 Octobre 1746, comme il paroît par les regiftres de ce jour, quoique l'original fe foit perdu ou égaré.

M. Wilfon fit une autre expérience curieufe pour prouver une hypothefe qu'il avoit conçue de fort bonne heure, fur l'influence d'un milieu fubtil, environnant tous les corps, & réfiftant à l'entrée ou à

la sortie du fluide électrique. Pour
le déterminer, il fit l'expérience de
Leyde avec une chaîne, & en con-
sidéra chaque chaînon comme ayant
deux surfaces au moins ; de sorte
que l'alongement ou le raccourcisse-
ment de la chaîne dans chaque expérience, occasionnât des résistances
différentes ; & l'évenement, dit-il,
arriva en conséquence. Quand il fit
la décharge avec un fil de fer seulement, il trouva la résistance moindre que quand il se servit d'une chaîne. Mais pour ne laisser aucun lieu
de douter, il fit tendre la chaîne
avec un poids, afin que les chaînons pussent se toucher de plus près,
& l'évenement se trouva le même
que quand il s'étoit servi d'un simple fil de fer (a).

Ayant formé deux circuits, l'un
composé des bras d'un homme, &
l'autre des chaînons d'une chaîne,
il se trouva que le feu électrique
passoit par les bras de l'homme ;
mais que quand la chaîne étoit ten-

(a) Letter to Hoadley.

due, il paſſoit par la chaîne. Per-
ſonne, dit-il, à moins que d'avoir
fait l'expérience, n'imagineroit avec
combien de force il faut tendre la
chaîne avant que l'expérience réuſ-
ſiſſe, & que le feu électrique paſſe
au travers ſans produire une étincelle à aucun des chaînons; c'eſt-à-
dire, avant que les chaînons puiſſent être dans un conⅽtat abſolu l'un
avec l'autre, leur propre poids n'étant
pas ſuffiſant pour cela (a).

M. Wilſon obſerva que, ſi une partie de la bouteille de Leyde étoit
bien amincie & couverte de cire à cacheter, juſqu'à ce qu'elle fût
chargée, & qu'enſuite on en ôtat
la cire à cacheter, & qu'un conducteur communiquant avec la terre la
touchât dans ſa partie la plus mince, la charge ſe diſſiperoit en preſque moitié moins de temps qu'elle
ne l'auroit fait autrement (b).

Il obſerva que des corps placés
hors du circuit électrique, ſeroient

___

(a) Wilſon and Hoadley, pag. 65.
(b) Wilſon's, eſſai, pag. 74.

affectés de la commotion, s'ils étoient
feulement en conctat avec quelqu'une de fes parties, ou même à
la proximité. Pour le prouver de la
façon la plus avantageufe, il mit
une bouteille chargée fur un guéridon de verre, & plaça plufieurs morceaux de cuivre fur le guéridon,
l'un d'eux en contact avec la chaîne
qui formoit le circuit, & les autres
éloignés d'elle, ou les uns des autres d'un vingtieme de pouce; en
faifant la décharge, on apperçut vi-
fiblement une étincelle entre chacun
d'eux (a).

Conformement à cette obfervation, M. Wilfon remarqua que fi
le circuit n'étoit pas fait de métaux
ou d'autres fort bons conducteurs,
la perfonne qui les tenoit pour faire l'expérience, fentoit une commotion confidérable au bras qui étoit
en contact avec le circuit.

Il obferva encore que quand la
bouteille fut garnie en-dedans & en-
dehors avec des métaux, la premie-

(a) Wilfon's, effai, pag. 90.

re explosion fut beaucoup plus grande que les suivantes, & que toute la charge fut dissipée presque en une fois; au lieu que quand on se servit d'eau, les explosions suivantes furent plus nombreuses & plus considérables, & que quand la bouteille ne fut chargée de rien que d'un fil de fer qui y étoit inféré, la premiere explosion & les suivantes approcherent encore plus de l'égalité.

M. Wilson ayant un jour cassé un petit fil de fer, par la secousse que ses bras recurent de la bouteille de Leyde, il attacha à ses mains bien couvertes de cuir, un fil de fer plus grand, & gros comme une petite aiguille à tricotter, & se posta de telle maniere, que son bras fût nécessairement tendu, s'il venoit à éprouver une autre secousse; en conséquence, il déchargea la bouteille, & le fil de fer se cassa comme le précédent (a).

M. George Graham, a montré comment on pouvoit faire en même

_____

(a) Wilson's, essai, pag. 84.

H iv

temps plusieurs circuits pour la décharge de la bouteille de Leyde, & faire passer le feu électrique à travers de tous; il fit tenir par plusieurs personnes, une assiette de métal, qui communiquoit avec l'extérieur de la bouteille, & toutes ensemble tenoient pareillement une baguette de cuivre, avec laquelle la décharge fut faite; alors elles furent toutes frappées en même temps & au même degré (a)

Enfin, M. Canton trouva que, si on plaçoit une bouteille chargée sur des corps électriques, le fil de fer & l'enveloppe donneroient alternativement une ou deux étincelles, & qu'en continuant cette opération, la bouteille seroit déchargée (b). Cette découverte, la premiere que je vois rapportée de cet excellent physicien, à qui la science de l'Electricité est si redevable, a beaucoup d'affinité avec la grande découverte du Docteur Franklin; mais il n'observoit

_____

(a) Wilson's, essai, pag. 128.
(b) Ibid. pag. 64.

pas alors que ces étincelles alternatives provenoient des deux électricités contraires. Cette histoire nous fournira bien d'autres exemples, de gens qui étoient à la veille de faire de grandes découvertes, & qui ne les ont pas faites.

Nous avons vu les observations que les Physiciens Anglois ont faites sur l'expérience de Leyde, avant le temps du Docteur Franklin : parcourons maintenant ce que firent pendant le même temps les Electriciens dans les autres parties du Monde.

La lettre de M. Muschenbroeck à M. de Reaumur, concernant l'expérience de la bouteille, étant venue dans un temps où beaucoup de savans s'occupoient de l'Electricité, M. l'Abbé Nollet & M. le Monnier, de l'Académie des Sciences, empreffés d'examiner un phénomene si extraordinaire, & se dépouillant de la frayeur qu'auroit pu leur inspirer la lettre de M. Muschenbroeck, firent l'expérience sur eux-mêmes, & dirent, comme lui, qu'ils avoient éprouvé une commotion terrible. Le bruit s'en répandit à l'instant à la

H v

Cour & à la Ville, d'où des gens
de tous rangs accoururent en foule
pour voir cette nouvelle espece de
tonnerre, & pour en éprouver les
effets (a).

M. l'Abbé Nollet fut le premier
qui fit en France les expériences de
la bouteille. Les résultats de la plû-
part furent les mêmes que celles
qu'avoit eu le Docteur Watson ; c'est
pourquoi je me dispenserai de les
répéter ici. On peut les voir tous
d'un coup d'œil-dans ses leçons de
Physique, pag. 481. Voici les circonstances auxquelles les Physiciens
Anglois n'avoient pas fait attention.

M. l'Abbé Nollet reçut le coup
d'un matras vuidé d'air, & dans lequel il avoit introduit le bout de
son conducteur. Ce fut une découverte due au hasard [23]. Car il re-

_____

(a) Nollet, leçons de Physique, p. 480.
[23] Comment peut-on dire qu'une
chose est due au hasard, lorsqu'on lit dans
l'endroit où elle est rapportée, qu'on l'a
soupçonnée avant de l'éprouver ? Voici ce
que dit M. l'Abbé Nollet, dans ses *recherches sur l'Electricité*, pag. 425 ». Il y a en-

cut le coup, en tenant une main fur le vaiffeau de verre pour obferver les beaux rayons de la lumiere électrique, qui s'élançoient du vuide vers fa main, & mettant fon autre main au conducteur, pour y rajufter quelque chofe. Le coup qu'il reçut, dit-il, fut le plus grand qu'il ait jamais reffenti par l'expérience de Leyde, faite de toute autre maniere (a).

(a) Recherches, pag. 426.
» viron trois mois, que répétant cette ex-
» périence (celle de faire paffer l'électricité
» dans un vafe de verre vuide d'air) pour le
» plaifir de la revoir, car elle eft très-belle,
» & pour en examiner de nouveau les cir-
» conftances, le vaiffeau de verre me parut
» tellement électrique, que dans le moment
» même que je le confidérois, il me vint dans
» l'efprit qu'il pourroit bien procurer une
» commotion femblable à celle qu'on éprou-
» ve dans l'Expérience de Leyde ». L'Auteur
ne peut pas dire qu'il l'ignoroit; puifqu'il
cite ici l'endroit même d'où ce paffage eft
tiré. Il dit dans plufieurs endroits de fon
ouvrage, que comme Anglois, il doit la préférence à fes compatriotes : qu'il leur accor-
de à la bonne heure, pourvû que cela puiffe
fe faire honnêtement ; mais qu'il ne leur
attribue pas, comme il le fait fouvent, des
chofes qui appartiennent aux autres nations.

H vj

Il obſerve dans le même lieu, qu'il n'a jamais conſidéré l'eau dans la bouteille, comme d'aucune autre utilité, que de conduire la matiere électrique dans l'intérieur du verre; & il attribue ſa force dans la commotion à cette propriété qu'il a de retenir cette matiere plus fortement que ne font les conducteurs, & de n'en être pas ſi facilement dépouillé qu'eux.

M. de Buffon prétend que M. le Monnier a découvert le premier que la bouteille de Leyde conſervoit ſon électricité, un temps conſidérable, après avoir été chargée, & qu'il a trouvé qu'elle la conſervoit trente-ſix heures dans un temps de gelée. Il électriſa ſouvent ſa bouteille chez lui, & la porta à ſa main le long des rues, depuis le Collége d'Harcourt juſqu'au jardin du Roi, ſans aucune diminution conſidérable de ſon efficacité (a).

Il paroît que ce fut en France que

___

(a) Phil. Tranſ. Abridged, vol. 10, pag. 333.

l'on fit les premieres expériences, pour essayer combien de personnes pouvoient être frappées par la même bouteille. M. l'Abbé Nollet, qui s'est fait une réputation célébre en électricité, donna la commotion en présence du Roi, à cent quatre-vingt de ses Gardes; & dans le couvent des Chartreux de Paris, toute la communauté forma une ligne de neuf cents toises, au moyen d'un fil de fer entre chaque personne (ce qui excédoit beaucoup la ligne des cent quatre-vingts Gardes) & toute la compagnie, lorsqu'on déchargea la bouteille, fit un tressaillement subit dans le même instant, & tous sentirent le coup également (a).

M. Nollet essaya aussi l'effet de la commotion électrique sur deux oiseaux, dont l'un étoit un Moineau, & l'autre un Bruant; ce sont, je crois, les premiers animaux qui l'ont jamais reçue. Le résultat fut qu'après le premier coup, tous les deux tom-

_____

(a) Phil. Transf. Abridged, vol. 10, pag. 335.

berent fans mouvement , & pour
ainfi dire fans vie, mais pour un
temps feulement ; car ils revinrent
quelques moments après. Au fecond
coup, le Moineau tomba mort, &
en le confidérant, on le trouva li-
vide , comme s'il eût été tué d'un
coup de tonnerre; prefque tous les
vaiffeaux fanguins de fon corps furent crevés de la violence du coup.
Le Bruant revint comme auparavant (a). M. l'Abbé & plufieurs autres tuerent auffi des poiffons par la
commotion électrique.

La circonftance des veines du Moineau crevées , eft je crois , une mé-
prife. Je n'ai point vu pareil effet,
quand des animaux plus petits ont
été tués par un coup cinquante fois
auffi confidérable , que le fut probablement celui que M. l'Abbé fit
éprouver dans cette occafion [24].

(a) Phil. Tranf. Abridged. vol. 10,
pag. 336.

[24] ☞ On a tort de croire qu'on fe
foit mépris en cette occafion. En voici la
preuve. M. l'Abbé Nollet, après avoir ren-

M. l'Abbé Nollet eſt le premier Electricien qui ait fait mention que des
vaiſſeaux de verre aient été briſés
par l'exploſion électrique. Ils furent
percés, dit-il, de petits trous ronds de
trois ou quatre lignes de diametre (a).

Il paroît que les Phyſiciens François ont obſervé auſſi bien que le
Anglois, que ſi la bouteille étoit
poſée ſur du verre, il ne ſeroit pas
poſſible de la charger, à moins que
d'en approcher la main ou quelque

_____

(a) Nollet, Lettres, vol. 1. page 42.
du compte de ſon expérience, dit » je por-
» tai ſur le champ le petit oiſeau foudroyé à
» M. Morand, qui voulut bien m'aider à
» l'examiner, tant au dehors qu'au dedans.
» Quand nous eumes ôté la plume, nous vi-
» mes ſur tout le devant du corps une livi-
» dité très-marquée, que les gens de l'art appel-
» lent *Echimoſe*, & l'ouverture du petit ca-
» davre, ayant été faite avec toutes les pré-
» cautions convenables, il ſe trouva dans
» la poitrine beaucoup de ſang épanché,
» qu'on ne pouvoit attribuer qu'au genre de
» mort que le ſujet avoit ſouffert ». Voyez
les *Mémoires de l'Académie Royale des Scien-*
ces, année 1746, pag. 22. Ce fait eſt énoncé aſſez clairement, & par des gens dignes
de foi, pour mériter d'être cru.

autre fubftance non-électrique [25].
Ils ont imaginé d'après cela, que le
feu fortoit de la main, & paffoit
dans l'eau à travers la fubftance de
la bouteille (a). Ce fait les furprit
beaucoup, comme de raifon [26]. Ils
obferverent auffi qu'un corps leger

(a) Phil. Tranf. Abridged, vol. 10,
pag. 334.

☞ [25] Il ne faut pas attribuer cette obfervation à tous les Phyficiens François. Il y
en a plufieurs, (& M. l'Abbé Nollet & moi
fommes du nombre) qui ont obfervé au contraire que la bouteille devient électrique,
même quand elle eft ifolée : il eft vrai qu'elle le devient alors, & plus difficilement &
moins fortement; mais elle fe charge affez
pour donner la commotion. Voyez les *Lettres
fur l'Electricité*, par M. l'Abbé Nollet, partie 1, pag. 239.

☞ [26] Ce fait ne fuprend pas tout le
monde; il n'eft furprenant que pour ceux qui
penfent que le verre eft toujours imperméa-
ble à la matiere Electrique. Or cette imper-
méabilité du verre eft démontrée fauffe par
plufieurs expériences, & fur-tout par l'expérience de Leyde faite avec un matras vuidé
d'air, & fcellé hermétiquement. Voyez les
Lettres de l'Electricité, par M. l'Abbé Nollet, part. 1, pag. 241.

feroit attiré par une bouteille chargée, quand elle feroit fur une table, pourvû que quelqu'un touchât
au fil de fer; mais ils prétendent que
fi on touchoit à la bouteille même,
le corps léger feroit repouffé par une
force égale à celle avec laquelle il feroit attiré dans le cas précédent (a).
Ils ont trouvé pareillement que quand
la bouteille chargée étoit pofée fur
du verre, on pouvoit la manier en
toute fûrété (b). Ces expériences ne
paroiffent pas avoir été faites avec
affez de circonfpection [27]. Car en
faifant bien attention à ces mêmes
circonftances, le Docteur Franklin

_____

(a) Philof. Tranf. Abridged, vol. 10,
pag. 335.
(b) Ibid. pag. 337.
☞ [27]. Quoiqu'en dife notre Auteur,
ces expériences fur la bouteille de Leyde,
ont été faites avec le plus grand foin, & de
la maniere la plus propre à nous convaincre
de la vérité des réfultats; car elles ont été
faites en préfence de cinq Commiffaires nommés par l'Académie royale des Sciences, qui
en ont attefté la vérité. Voyez les *Lettres
fur l'Electricité*, par M. l'Abbé Nollet, par.
1, pag. 231 & fuivantes.

fut conduit par la suite à sa grande
découverte de la différente qualité
de l'électricité sur les différents côtés
du verre [28].

☞ [28] Cette grande découverte n'est rien
moins qu'une découverte. Voyez ci-dessous la
note 31.

PÉRIODE VIII.

SECTION II.

Méthodes dont se sont servi les Physiciens François & Anglois, pour mesurer la distance à laquelle on peut porter la commotion Electrique , & la vîtesse avec laquelle elle se transmet.

Nous arrivons maintenant à un champ plus vaste d'expériences électriques, où nous verrons, non pas ce qu'on peut faire dans une chambre particuliere , & avec un petit nombre de personnes, mais des choses qui demandent nécessairement un grand nombre d'assistants pour les exécuter, aussi bien que le jugement le plus sain, & la patience la plus infatigable pour la conduite des opérations.

Les Physiciens François ont paru les premiers dans cette carriere ; mais ils n'ont guere fait qu'exciter les Anglois, qui les ont laissé bien loin derriere eux dans ces grandes entreprises. Nous avons déja dit que l'on forma un circuit de neuf cents toises, composé d'hommes qui tenoient entr'eux des fils de fer , à travers desquels la commotion électrique se fit sentir très-distinctement. Une autrefois on transmit la commotion à travers un fil de deux mille toises de longueur , qui font près d'une lieue de France , ou environ deux mille & demi d'Angleterre , quoique dans ce cas une partie des fils de fer traînoit sur le gason humide , passoit par dessus des hayes de charmille ou des palissades , & sur de la terre nouvellement labourée. Dans une autre chaîne , ils comprirent l'eau du grand bassin des Thuileries, dont la surface contient près d'une acre ; & la bouteille fut déchargée à travers (a).

_____

(a) Philos. Transact. Abridged, vol. 10, pag. 336.

M. le Monnier le jeune tâcha auſſi de déterminer la vîteſſe de la matiere électrique ; pour cet effet, il
tranſmit la commotion le long d'un
fil de fer, de neuf cent cinquante
toiſes de longueur, & il remarqua
qu'elle ne fut pas plus d'un quart
de ſeconde à le parcourir [29]. Il re-

_____

[29] Notre Auteur, toujours prévenu
en faveur de ſes compatriotes, argumente
toujours d'après ce qu'ils ont avancé ; ſans
faire attention à ce qu'ont dit les autres Phyſiciens Electriſants, & ſans avoir en aucune
façon examiné la valeur de leurs raiſons.
Il prétend avec la plupart des Electriciens
Anglois, que, dans l'expérience de Leyde,
la matiere électrique a un mouvement de
tranſlation ; ce qui eſt faux. Ce n'eſt autre
choſe qu'un mouvement de preſſion, occa-
ſionné par le choc des deux courants de matiere électrique, affluante & effluente, ſi bien
établis, & ſi bien prouvés par M. l'Abbé
Nollet dans tous ſes ouvrages ; lequel mouvement ſe communique de proche en proche
aux particules de matiere électrique, réſiden-
te dans les corps qui forment la chaîne ; à
peu près comme cela ſe fait dans une file de
boules d'ivoire, dont la premiere eſt frappée, & dont le mouvement ſe communique
dans un intervalle de temps très court, juſqu'à l'autre extremité de la file, quel que ſoit

marqua auſſi qu'après avoir électriſé un fil de fer de 1319 pieds de longueur, l'électricité ceſſa par un bout, au moment même qu'on la fit ceſſer à l'autre. Ce fait réfuta l'opinion de ceux qui prétendoient que c'étoit la force du choc électrique qui pouſſoit la matiere électrique avec une ſi grande vîteſſe.

Mais tous ces eſſais des Phyſiciens François auroient à peine mérité d'être rapportés, ſans l'avantage qu'ils eurent de précéder les expériences faites par les Anglois, en plus grand nombre, avec plus d'exactitude,

le nombre de boules qui la compoſent. Ce n'eſt pas cette premiere boule frappée qui paſſe d'une extrémité à l'autre de la file; c'eſt ſeulement le mouvement qu'elle a reçu. De même dans l'expérience de Leyde, ce n'eſt pas la même particule de matiere électrique, qui parcourt dans un quart de ſeconde 950 toiſes, ou même plus; c'eſt ſeulement le mouvement qui ſe communique de proche en proche, avec encore plus de vîteſſe que cela ne ſe fait dans la file de boules d'ivoire; parce que les particules de matiere électrique ſont beaucoup plus élaſtiques.

& plus en grand [30]. Les noms des Anglois, qui, animés d'un efprit

☞ [30] Que le lecteur faffe ici une réflexion, pour juger de la juftelle de celle de l'Auteur. Il prétend que ce qu'ont fait les François, mériteroit à peine d'être rapporté, fi cela n'avoit, dit-il, précédé les expériences des Anglois. Il convient donc que les François ont fait les premiers ces expériences, & par conféquent que les Anglois n'ont fait que les répéter d'après eux. Or je demande lequel a le plus de mérite, de celui qui fait l'expérience le premier, ou de celui qui ne fait que la répéter? Et s'il y a peu de mérite à répéter ce qu'un autre a déja fait, il n'y en aura guere plus à le répéter dix fois plutôt qu'une. Il dit en fecond lieu, que les expériences des Anglois font plus exactes que celles des François : il ne fuffit pas de le dire ; il faut le prouver. Qu'il nous dife donc en quoi les François ont manqué d'exactitude. Il dit auffi que les expériences des Anglois ont été faites plus en grand ; quand cela feroit, je ne vois pas quel grand mérite il y auroit à cela ; les François ont tranfmis la commotion, de l'aveu même de l'Auteur, dans un efpace de 2000 toifes, & ils n'ont pas dit qu'il fût impoffible de la tranfmettre plus loin. D'ailleurs, un *plus* ou un *moins*, ne change rien à la nature de l'expérience. Les louanges que l'on donne aux gens en pareilles circonftances, ne font pas bien flatteufes pour eux ; elles feroient plutôt capables de leur faire tort, fi le jugement de M. Prieftley en pouvoit faire à quelqu'un.

vraiment Philofophique, s'occuperent fans relâche à cette matiere,
méritent d'être tranfmis à la poftérité
dans tous les ouvrages de cette nature.

Le principal acteur fur cette grande fcene, fut le Docteur Watfon ; il
forma le plan & dirigea toutes les
opérations, & ne manqua jamais
d'être préfent à toutes les expériences. Ceux qui l'aiderent principalement, furent M. Martin Folkes,
Ecuyer, Préfident de la Société
Royale, le Lord Charles Caven-
dish, le Docteur Bevis, M. Graham, le Docteur Birch, M. Pierre
Daval, M. Trembley, M. Ellicolt,
M. Robins & M. Short. Beaucoup
d'autres gens, & même quelques
perfonnes de qualité, y affifterent
de temps à autre.

Le Docteur Watfon qui écrivit
l'Hiftoire de leurs opérations, pour
en rendre compte à la Société Royale, commence par obferver (ce qui
fut vérifié dans toutes leurs expériences) que la commotion électrique n'eft pas, ftrictemement parlant,
tranfmife par le chemin le plus court
possible

possible , à moins que les corps à
travers desquels elle se transmet , ne
soient également bons conducteurs ;
car s'ils le font inégalement, le circuit
est toujours formé par les meilleurs
conducteurs , quelque longueur qu'ils
aient.

Le premier essai que firent ces Messieurs , fut de faire passer la commotion électrique à travers la Tamise ,
en se servant de l'eau de cette riviere
pour faire partie de la chaîne de communication. Cela fut exécuté les 14
& 18 Juillet 1747 , en attachant un
fil de fer tout le long du pont de
Westminster , à une hauteur considérable au-dessus de l'eau. Un des bouts
de ce fil communiquoit avec l'enveloppe d'une bouteille chargée ; l'autre
étoit tenu par un observateur qui
avoit dans son autre main une baguette de fer , qu'il trempa dans la
riviere , au côté opposé où étoit un
autre homme qui trempoit pareillement une baguette de fer dans la riviere d'une main ; & tenoit de l'autre
un fil de fer , dont l'extrémité pouvoit être mise en contact avec le fil
de fer de la bouteille.

Tome I.   I

En faifant la décharge, la commotion fe fit fentir aux obfervateurs des deux côtés de la riviere ; mais plus fenfiblement à ceux qui étoient poftés du même côté que la machine, une partie du feu électrique étant defcendue du fil de fer aux pierres humides du pont, pour fe rendre par un chemin plus court à la bouteille, paffant cependant tout entier à travers les gens qui étoient poftés du même côté que la machine. Ceci fut, en quelque maniere, démontré par quelques perfonnes qui éprouverent une commotion fenfible dans les bras & les pieds, pour avoir fimplement touché au fil de fer dans le moment d'une des décharges, tandis qu'ils étoient fur les degrés humides qui conduifent à la riviere. Dans une des décharges qui furent faites à cette occafion, on enflamma des liqueurs fpiritueufes par le feu qui avoit paffé à travers de la riviere (a).

Dans cette occafion & les fuivantes, ces Meffieurs firent ufage de fils

_____

(a) Phil. Tranf. Abridged, vol. 10, pag. 349.

de fer, préférablement aux chaînes;
par cette raison entre autres, que
l'électricité qu'on tranfmettoit par des
chaînes n'étoit pas fi forte que celle
qu'on tranfmettoit par des fils de fer.
La raifon en eft, comme ils le remarquerent très-bien, que les chaînons n'é-
toient pas fuffifamment joints, comme il parut par le craquement & les
jets de flammes à chaque endroit où
il y avoit la moindre féparation. Ces
petits craquements étant fort nom-
breux dans toute la longueur de la
chaîne, diminuerent d'une maniere
très-fenfible la grande décharge au
canon.

Dans la tentative fuivante, ils
fe propoferent de forcer la commotion électrique à faire un circuit de
deux milles, à la nouvelle riviere au
lieu nommé *Stock-Newington*. Ils la
firent le 24 Juin 1747, à deux endroits; à l'un defquels la diftance par
terre étoit de huit cens pieds, & de
deux milles par eau; dans l'autre, la
diftance par terre étoit de deux milles
huit cent pieds, & par eau de huit
milles. La difpofition de l'appareil fut

la même qu'ils avoient mise en usage
auparavant au pont de Westminster ;
& l'effet répondit merveilleusement
à leur attente. Mais, comme dans les
deux cas les observateurs placés aux
deux extrémités de la chaîne, qui se
terminoit dans l'eau, sentirent le coup
aussi-bien, quand ils enfoncerent leurs
baguettes dans la terre à vingt pieds
de l'eau, que quand ils l'enfoncerent
dans la riviere : cela forma un doute,
savoir si le circuit électrique étoit formé à travers les détours de la riviere,
ou par un chemin plus court, en suivant le terrein de la prairie. Car l'expérience montra clairement que la
prairie, avec l'herbe qui y étoit, con-
duisoit fort bien l'électricité.

Ils furent pleinement convaincus
par les expériences suivantes, que
dans ce cas l'électricité n'avoit point
été transmise par l'eau de la riviere,
qui étoit de deux milles de longueur,
mais par terre où la distance n'étoit
que d'un mille ; dans lequel espace
cependant la matiere électrique devoit nécessairement avoir passé deux
fois au-dessus de la nouvelle riviere,
avoit traversé plusieurs sablonnieres,

& parcouru un grand champ de chaumes (a).

Le 28 Juillet ils répéterent l'expérience au même lieu, avec la variété suivante dans les circonftances. Le fil de fer fut foutenu dans toute fa longueur fur des piquets fecs, & les obfervateurs étoient pofés fur des corps électriques par eux-mêmes. Ils éprouverent le coup d'une maniere plus fenfible que quand le fil de conduite avoit traîné par terre, & quand les obfervateurs avoient pareillement été pofés fur le terrein, comme dans l'expérience précédente.

Après quoi, toutes chofes reftant dans le même état qu'auparavant ; on recommanda aux obfervateurs d'enfoncer leurs baguettes dans la terre, au lieu de les tremper dans l'eau ; & chacun à cent cinquante pieds de diftance de l'eau. Ils furent très-vivement frappés, quoiqu'ils fuffent éloignés de plus de cinq cents pieds l'un de l'autre (b).

_____

(a) Philof. Tranf. Abridged, vol. 10, pag. 360.
(b) Ibid. pag. 357.

Ces Meffieurs, charmés du fuccès
de leurs précédentes expériences, en
entreprirent une autre, dont l'objet
étoit de déterminer fi la vertu électrique pouvoit être tranfmife à travers le terrein fec; & en même-temps
de la conduire à travers de l'eau à
une plus grande diftance qu'ils n'a-
voient fait auparavant. Ils choifirent
pour cet effet Highbury-Barn, au-delà d'Iflington, où ils l'exécuterent le
5 Août 1747. Ils choifirent une place
pour leur machine également éloignée de deux autres pour les obfervateurs fur la nouvelle riviere, lefquelles étoient à un peu plus d'un mille
de diftance par terre, & à deux milles
par eau. Ils avoient remarqué que les
rues de Londres, quoique féches,
conduifent fortement l'électricité environ vingt toifes, ainfi que la route
feche pour aller à Newington : l'événement de cet effai répondit à leur
attente. Le feu électrique paffa par
l'eau, quand les fils de fer & les obfervateurs furent portés fur des corps
électriques par eux-mêmes & les baguettes trempées dans la riviere. Ils
fentirent auffi tous les deux la com-

motion ; quand un d'eux fut placé dans une fablonniere feche , environ trois cents pas plus près de la machine, & à cent pas de diftance de la riviere ; d'où ces Meffieurs furent convaincus que le terrein de la fablonniere , quoique fec , avoit conduit l'électricité auffi fortement que l'eau.

D'après les commotions que les obfervateurs éprouverent , quand la puiffance électrique fut conduite fur des piquets fecs , ils furent d'avis, qu'à ne confidérer fimplement que la différence de diftance , la force du choc, autant qu'ils l'avoient éprouvé jufques-là , en étoit fort peu diminuée, fi tant eft qu'elle le fût du tout. Quand les obfervateurs furent placés fur des corps électriques & toucherent l'eau ou le terrein avec leurs baguettes de fer , ils fentirent toujours le choc aux bras ou aux poignets ; quand ils furent fur la terre nue avec leurs baguettes de fer , ils le fentirent aux coudes, aux poignets & aux chevilles ; & quand ils furent fur la terre nue fans baguettes, ils fentirent toujours le choc dans le coude , & dans le poignet de la main qui tenoit le

I iv

fil de fer de conduite , & dans les deux chevilles (*a*). Dans le dernier essai que ces Messieurs firent dans ce genre , & dont la conduite demandoit toute leur sagacité & leur adresse , ils voulurent essayer si le choc électrique pouvoit se sentir à une distance double de celle à laquelle ils l'avoient porté auparavant , dans un terrein parfaitement sec , & à la proximité duquel il n'y eût point d'eau ; & distinguer aussi , s'il étoit possible , la vîtesse respective de l'électricité & du son.

Pour cet effet ils choisirent la montagne de Shooter , & firent leur premiere expérience le 14 Août 1747, où par événement il n'étoit tombé qu'une seule ondée depuis cinq semaines. Le fil de fer communiquant avec la baguette de fer qui fit la décharge avoit six milles sept cens trente-deux pieds de longueur , & étoit soutenu par-tout sur des bâtons sechés au four ; comme l'étoit aussi le fil de fer

---

(*a*) Phil. Transf. Abridged , vol. 10, pag. 360.

qui communiquoit avec l'enveloppe
de la bouteille , & qui avoit trois
milles huit cents foixante-huit pieds
de long ; & les deux obfervateurs
étoient éloignés l'un de l'autre de deux
milles. Le réfultat démontra , à la
fatisfaction des fpectateurs , que l'efpace parcouru par la matiere électrique étoit de quatre milles , fçavoir
deux milles de fil de fer , & deux milles de terrein fec , faifant la diftance
d'entre les extrémités des fils de fer ;
diftance qui, comme ils l'obferverent,
étoit fi grande qu'on n'eût pu le croire
fans l'avoir éprouvé. On tira un coup
de fufil à l'inftant de l'explofion , &
les obfervateurs avoient leurs mon-
tres à la main pour remarquer le moment où ils fentirent le coup ; mais
autant qu'ils purent le diftinguer , le
temps pendant lequel la matiere électrique parcourut ce vafte circuit, doit
avoir été un feul inftant (a).

On remarqua dans toutes les explofions où le circuit fut d'une grandeur confidérable, que , quoique la

(a) Phil. Tranf. Abridged , vol. 10,
pag. 363.

bouteille fût très-bien chargée, cependant le craquement caufé au principal conducteur par l'explosion, ne fut pas à beaucoup près fi éclatant, que quand l'expérience étoit faite dans une chambre ; de forte que, dit le Docteur Watfon, un fpectateur, quoique verfé dans ces opérations, n'auroit pas imaginé, en voyant la lumiere & entendant le bruit, que le coup eût dû être confidérable à l'extrémité du fil de conduite ; cependant, dit-il, le contraire eft toujours arrivé, quand les fils ont été convenablement ajuftés.

Ces Meſſieurs, infatigables dans leurs travaux, défirerent encore, s'il étoit poſſible, de fixer d'une maniere fûre la vîteſſe abfolue de l'électricité à une certaine diſtance ; car quoique dans la derniere expérience le temps qu'elle employa à fe tranfmettre fût bien court, ils voulurent favoir, tout petit qu'il pût être, s'il étoit mefurable ; & le Docteur Watfon imagina une méthode excellente pour cela.

En conféquence ils fe raffemblerent encore le 5 Août 1748, pour la derniere fois à la montagne de Shooter, où ils convinrent de former un circuit électrique de deux milles, en faisant faire au fil de fer différents détours dans la campagne. Ils s'arrangerent de façon que le milieu de ce circuit fût dans la même chambre que la machine, où un observateur tenoit à chaque main un des bouts des fils de fer, qui avoient chacun un mille de longueur. Dans cette disposition de l'appareil, dans laquelle on pouvoit observer avec l'exactitude la plus scrupuleuse le temps écoulé entre l'explosion & le coup, la bouteille fut déchargée plusieurs fois : mais l'observateur se sentit toujours frappé au même instant que se fit l'explosion. Ces Messieurs furent alors convaincus que la vîtesse du passage de la matiere électrique dans toute la longueur de ce fil, qui avoit douze milles deux cents soixante seize pieds de longueur, étoit instantanée (a).

Ces expériences exciterent l'admiration de tous les Electriciens étrangers. M. Muschenbroeck qui fut fort

____

(a) Philof. Tranf. Abridged, vol. 10, pag. 368.

I vj

satisfait de leur étendue & de leur succès, dit dans une lettre qu'il écrivit, à cette occasion, au Docteur Watson : *Magnificentiſſimis tuis experimentis ſuperaſti conatus omnium.*

Quelques-uns ont prétendu que la derniere de ces expériences étoit fondée ſur une fauſſe ſuppoſition, & qu'ainſi elle ne pouvoit être d'aucune utilité ; parce qu'on y ſuppoſoit que les mêmes particules du fluide électrique, qui ſortoient d'un côté du verre chargé, parcouroient tout le circuit des conducteurs, & arrivoient au côté oppoſé ; au lieu que la théorie du Docteur Franklin demande ſeulement que le défaut d'un côté du verre ſoit ſuppléé par les conducteurs voiſins ; qui en retour peuvent recevoir autant qu'ils ont donné, par le côté du verre qui étoit ſurchargé ; de ſorte que, pour entrer un peu plus dans le détail, la ſurabondance de matiere électrique dans le côté chargé d'un vaſe de verre, paſſe ſeulement dans les corps qui forment la partie du circuit qui lui eſt contiguë, chaſſant en avant la partie du fluide qui leur eſt naturelle ; juſqu'à ce qu'enfin le fluide

qui réside dans les conducteurs qui
forment la derniere partie du circuit,
passe dans le côté épuisé du verre [31].

☞ [31] L'Assertion de M. Franklin, savoir qu'un verre chargé pour faire l'Expérience
de Leyde, ne contient pas plus de matiere
électrique, qu'il n'en contenoit avant d'être
chargé ; parce que, dit-il, lorsqu'on le chargé, on en fait sortir autant d'une de ses surfaces qu'on en fait entrer dans l'autre ; de sorte
que, lorsqu'il est tout-à-fait chargé, une de
ses demi-épaisseurs en est totalement privée,
tandis que l'autre en a précisément le double
de ce qu'elle en avoit auparavant : cette assertion, dis-je, en est une des plus hazardées
qu'on ait jamais avancé en Physique. Elle n'est
fondée ni sur les faits ni sur le raisonnement : au contraire, le raisonnement & les
faits en montrent la-fausseté. En effet, comment concevoir que la matiere électrique,
que tous les Physiciens, sans en excepter M.
Franklin lui-même, pensent être la même
que la matiere du feu & de la lumiere, qui
pénétre les corps avec la plus grande facilité,
puisse être retenue dans la demi-épaisseur
d'un verre mince sans se communiquer à l'autre demi-épaisseur ? Que M. Franklin nous
dise quelle est la cause qui la retient ainsi ;
& qui l'empêche en pareil cas, de traverser
l'épaisseur du verre. Il pourroit répondre qu'il
ignore quelle en est la cause ; mais qu'il connoît le fait, si ce fait étoit prouvé. Mais au
lieu de cela, l'expérience prouve le contraire.

Mais quand cela feroit exactement
vrai (quoique dans les grandes décharges cela fuppofe que la quantité

Dans un récipient de verre, fufpendez un corps
léger avec une foie ; & avec de la cire molle
luttez bien ce récipient fur un carreau de verre. Enfuite préfentez - y un tube électrifé :
vous verrez le corps léger être attiré & repouffé. Donc la matiere électrique agit au
travers du verre : donc elle le pénétre. Mais
pour citer un exemple qui convient mieux à
l'expérience dont il s'agit , prenez un matras
de verre, vuide d'air & fcellé hermétiquement ;
adaptez - le à un conducteur qu'on électrife
actuellement : il fe chargera de façon à faire
fentir la commotion à quiconque le prendra
d'une main , & ira de l'autre tirer une étincelle du conducteur : après quoi il fera déchargé. Si en fe chargeant , une de fes demi-
épaiffeurs a perdu , comme le prétend M.
Franklin , toute fa matiere électrique , tandis
que l'autre en a pris une double dofe , & que
cette matiere ne puiffe pas paffer immédiatement d'une furface à l'autre , que M. Franklin
nous apprenne donc comment, en pareil cas,
l'équilibre fe rétablit , fans que la matiere
électrique pénétre le verre ; puifque le vafe
eft fcellé hermétiquement. Toutes les fois
qu'on a fait cette objection à M. Franklin ou
à fes partifans , ils l'ont toujours éludée, &
n'y ont jamais répondu. La raifon en eft fimple : c'eft qu'elle eft fans réplique.

naturelle d'électricité dans les corps eſt fort conſidérable) & quand le Docteur Watſon & d'autres Phyſiciens de ce temps là l'auroient compris autrement, il ne s'enſuivroit pas que ces expériences ne puſſent être d'aucune utilité ; car il reſte encore quelque choſe à meſurer, ſavoir le temps requis pour déloger le fluide électrique dans toute la longueur du circuit.

Si toute la maſſe de matiere électrique contenue dans tous les conducteurs étoit abſolument ſolide, il ne ſe pourroit pas faire de mouvement à une extrémité, ſans produire à l'autre au même inſtant un pareil mouvement ; préciſément comme quand on frappe le bout d'une baguette, le mouvement ſe communique à l'inſtant à l'autre extrémité : mais cela ne peut point arriver dans un milieu élaſtique, dont les parties cédent les unes aux autres. Dans ce cas, le mouvement eſt communiqué ſucceſſivement comme un mouvement de vibration qui s'étend dans toute la longueur du circuit ; ce qui doit néceſſairement prendre du temps & être meſurable. On peut meſurer la vîteſſe du son , quoi qu'aucune particule de l'air qui fait des vibrations ne soit déplacée. Ces grandes expériences du Docteur Watson ont donc un objet réel ; il paroît seulement que ce temps est trop court , pour être déterminé avec certitude.

PÉRIODE VIII.

SECTION III.

DIFFÉRENTES découvertes du Docteur Watson & autres, jusqu'au temps du Docteur Franklin.

LA premiere de ces découvertes, suivant l'ordre des temps, & qui ne le céde à aucune autre pour l'importance, (excepté à celle de la commotion même & à la découverte du Docteur Franklin fur l'électricité différente des côtés oppofés du verre chargé) eft celle du Docteur Watson, qui prouve que les tubes & les globes de verre ne contiennent pas la puiffance électrique en eux-mêmes, mais fervent feulement de premiers moteurs, ou, comme il le dit, de déterminateurs de cette puiffance.

Il fut d'abord conduit à cette découverte en obfervant que lorfqu'il frottoit le tube de verre, étant monté sur des gâteaux de cire, (afin d'empêcher, comme il l'espéroit, qu'aucune portion du pouvoir électrique ne se déchargeât à travers de son corps sur le plancher,) la puissance fût tellement diminuée, contre son attente, qu'on n'entendoit aucun bruit quand une autre personne touchoit quelque partie de son corps ; mais que si une personne non électrisée tenoit sa main proche du tube, tandisqu'on le frottoit, le craquement étoit fort sensible (a).

La même chose arriva quand on fit tourner le globe dans de pareilles circonstances. Car si l'homme qui tournoit la roue & qui, ainsi que la machine, étoit suspendu sur de la soie, touchoit le parquet avec un de ses pieds, le feu électrique paroissoit sur le conducteur ; mais s'il interrompoit toute communication avec le parquet, il ne produisoit aucun feu.

Cette expérience jointe aux suivantes, fit découvrir au Docteur Watson, ce qu'il appelle la circulation complette de la matiere électrique. Il remarqua qu'il ne partoit qu'une ou

_____

(a) Phil. Transf. Abridged , vol. 10, pag. 503.

deux étincelles de fa main à la machine ifolée, à moins qu'il ne formât en même-temps une communication entre le conducteur & le plancher ; mais qu'alors il y avoit une affluence abondante & conftante de la matiere électrique à la machine.

En obfervant que, tandis que fa main touchoit le conducteur, l'homme qui tournoit cette machine ifolée, donnoit des étincelles capables d'allumer des fubftances inflammables, & faifoit d'autres expériences électriques, qui fe faifoient ordinairement au conducteur ; il imagina que le feu fortoit de l'homme, par la même raifon què tous les Electriciens avoient auparavant imaginé, qu'il venoit du conducteur : & voyant que l'homme ne donnoit point d'étincelles, à moins qu'il n'y eût une communication entre le parquet & le conducteur, il conclut que dans ce cas le feu étoit fourni par cette communication, de forte que, dit-il, le cours de la matiere électrique étoit en fens inverfe (a).

_____

(a) Phil. Tranf. Abridged. vol. 10, pag. 305.

On ne foupçonna point alors que l'œil ne pût pas diftinguer quelle eft la direction de la matiere qui forme l'étincelle électrique. Les Electriciens imaginoient que toutes les puiffances électriques , & conféquemment le fluide électrique , qu'ils fuppofoient être la caufe de ces puiffances , exiftoient dans le corps électrifé quel qu'il fût ; & que les fignes d'électricité que donnent les corps électrifés, provenoient de la matiere électrique qui leur étoit communiquée. En conféquence , quand le Docteur Watfon trouva, qu'en coupant la communication du corps électrifé avec le parquet, tous les fignes électriques ceffoient : il conclut que le fluide électrique fe raffembloit du parquet au frottoir , & étoit porté de-là au globe. Par la même raifon , voyant que le frottoir , ou l'homme qui communiquoit avec lui , ne donnoit des étincelles , que quand le conducteur communiquoit avec le parquet ; il en conclut auffi que le fluide électrique étoit fourni au globe par le conducteur , comme il avoit conclu auparavant qu'il y étoit fourni par le frottoir.

La comparaison de ces deux expériences fit inférer au Docteur Watson que, dans toutes les opérations électriques il y avoit une affluence de matiere électrique au globe & au conducteur, & pareillement une effluence de la même matiere électrique sortant de ces corps (a).

Ayant remarqué qu'un morceau de feuille d'argent se tenoit suspendu entre une assiette électrisée par le conducteur, & une autre qui communiquoit avec le parquet, il en raisonne de la maniere suivante : » Un » corps ne peut être suspendu en équi- » libre que par l'action réunie de deux » puissances de différentes directions. » Ainsi ici le souffle du fluide élec- » trique venant de l'assiette électri- » fée, souffle l'argent vers l'assiette » qui ne l'est pas ; & cette derniere, » à son tour, par le moyen du fluide » venant du parquet, & qui la tra- » verse, chasse la feuille d'argent vers » l'assiette électrisée. Nous voyons

_____

(a) Philof. Tranf. Abridged, vol. 10, pag. 311.

» auſſi par-là , que la doſe du fluide
» électrique venant du parquet, eſt
» toujours en proportion de la quan-
» tité que le globe lance ſur le con-
» ducteur ; ſans quoi l'équilibre , par
» lequel la feuille d'argent eſt ſuſpen-
» due , ne pourroit pas ſubſiſter (a).

Le Docteur Watſon obſerve que
deux ans avant qu'il fît ces expériences, M. l'Abbé Nollet avoit dit que
la matiere électrique venoit non-ſeulement des corps électriſés ; mais encore de tous les autres qui les envi-
ronnent à une certaine diſtance (b).

Quelque temps après , le Docteur
Watſon dit , dans un Mémoire lu à
la Société royale le 21 Janvier 1748 ,
que le Docteur Bevis avoit pouſſé bien
plus loin que lui ſes expériences, pour
prouver que le frottement du tube ou
du globe ne faiſoit que conduire, &
ne produiſoit pas la matiere électrique. Car il avoit remarqué plus d'un
an auparavant , qu'en iſolant deux
hommes , l'un pour frotter le tube ou

_____

(a) Phil. Tranſ. Abridged , vol. 10
pag. 310.
(b) Ibid. pag. 315.

le globe , & l'autre pour fervir de
conducteur ; tous les deux , tant celui
qui frottoit , que celui qui touchoit
le verre électrifé , donnoient une
étincelle ; & de plus, que s'ils fe touchoient l'un l'autre, le craquement étoit
plus grand de beaucoup que fi l'un
ou l'autre touchoit une perfonne pofée fur le parquet. Sur quoi le Docteur avoit corrigé fon opinion précédente de l'affluence & effluence de
la matiere électrique. Car il explique
ce fait en fuppofant que la quantité
d'électricité que perdoit celui qui
frottoit , étoit donnée à celui qui fervoit de conducteur , à qui le globe
la faifoit paffer. Par ce moyen , ob-
ferve-t il , l'électricité de la premiere
de ces deux perfonnes étoit plus rare
qu'elle n'étoit naturellement , & celle
de la derniere étoit plus denfe ; de
forte que les électricités de ces deux
perfonnes différoient davantage en
denfité , que celle de l'une des deux
ne différoit de l'électricité d'une autre perfonne pofée fur le parquet. Le
Docteur Watfon découvrit de cette
maniere , ce que le Docteur Franklin obferva environ dans le même

temps en Amérique, & qu'il appella l'électricité en *plus* & en *moins* (a).

Le Docteur Watson observa que l'aigrette à l'extrémité d'un fil de fer électrisé, faisoit sentir à la main comme un souffle de vent froid ; & que quand des corps légers étoient attirés & repoussés entre une assierte électrisée & une autre qui communiquoit avec le parquet, les attractions & répulsions alternatives se succédoient très-promptement, de sorte que l'œil avoit quelquefois de la peine a les suivre ; & quand on mettoit un petit globe de verre, d'environ un pouce de diametre, fort léger & soufflé très-mince, dans une assiette de métal, avec une autre assiette suspendue au conducteur, les coups produits par ces attractions & répulsions alternatives, se suivoient de si près qu'on pouvoit à peine les distinguer. Il tira pareillement de cette derniere expérience une preuve de la vitesse extrême avec laquelle ces corps étoient attirés & repoussés. Il dit que si on les laissoit

_____

(a) Phil. Transf. Abridged, vol. 10, pag. 369.

tomber

tomber de la hauteur de fix pieds ou plus, fur un plancher de bois ou même fur une affiette de métal, ils fe briferoient difficilement ; mais que fouvent ils étoient mis en pieces par leur attraction & répulfion entre ces affiettes, quoique à une diftance tout au plus de deux lignes (a).

Le Docteur Watfon prouva auffi que la matiere électrique paffoit à travers la fubftance de métal & non pas fur fa furface, en couvrant un fil de fer avec un mêlange de cire & de réfine, & déchargeant la bouteille au travers.

M. le Monnier, le jeune, a découvert que l'électricité n'eft point communiquée aux corps homogenes dans la proportion de leurs maffes ou quantité de matiere, mais plutôt dans la porportion de leurs furfaces ; & cependant que toutes les furfaces égales ne reçoivent pas des quantités égales d'électricité, mais que celles-là en reçoivent le plus, qui font les plus étendues en longueur ; qu'une feuille

(a) Philof. Tranfact. Abridged, vol. 10, pag. 309.

Tom. I.   K

de plomb, par exemple, reçoit uné quantité d'électricité beaucoup plus petite que ne feroit une petite bande du même métal, avec une surface égale à celle de la feuille quarrée (a).

M. Wilson, dont nous avons rapporté les observations curieuses sur la bouteille de Leyde, dans une autre section, ne mérite pas moins d'éloges dans celle ci. Dès la fin de l'année 1746, il fit la même découverte qu'avoit faite le Docteur Watson, que le fluide électrique ne venoit point du globe, mais de la terre même, & des autres corps non électriques qui se trouvent autour de l'appareil. Il suggéra une maniere de le prouver dans une lettre écrite de Chester, à M. Ellicolt; & il dit dans une autre lettre, écrite de Dublin à M. Smeaton, qu'il avoit fait lui-même l'expérience peu de temps après.

Ayant supposé que la différence entre les corps électriques & ceux qui ne le font pas, venoit de la différente

_____

(b) Philof. Transact. Abridged. vol. 10, pag. 338.

réfiftance que l'atmofphere des corps
oppofe au paffage du fluide électrique ; & concevant que la chaleur ra-
réfieroit cette atmofphere, & par-là
convertiroit les corps électriques en
non électriques, il fit quelques expériences qui le confirmerent dans cette
fuppofition. Il trouva qu'une perfonne
pouvoit communiquer l'électricité à
une autre malgré l'interpofition d'une
quantité confidérable de verre chauffé
jufqu'à rougir : il fit auffi d'autres
expériences de même nature, telles
que de décharger des bouteilles par
le moyen du verre chaud, de l'ambre chaud, & de divers autres corps
électriques chauffés. Cependant, comme l'a remarqué dans la fuite M. Canton, ces effets pouvoient être dûs à
l'air chaud qui étoit fur les furfaces
de ces corps, qu'il trouva très-pro-
pre à tranfmettre l'électricité. Mais
M. Wilfon fit une autre expérience
fur de la réfine fondue, qui ne paroît
pas fujette à la même objection. Il
verfa de la réfine fondue dans une
bouteille, & éprouva qu'on pouvoit
donner la commotion par fon moyen.
Mais il obferva que les coups dimi-

nuoient de force à mesure que la résine refroidissoit, & qu'ils cesserent
entiérement quand elle fut tout-à-fait
froide (a).

M. Wilson parle d'une expérience
curieuse (sans cependant s'en attribuer l'invention) qu'il fit avec des
girouettes de papier, enfoncées dans
un morceau de liege & suspendues
par un aimant. Il dit qu'en les approchant de la pointe d'un corps quelconque qui partoit du principal conducteur, elles tournerent avec beaucoup de vîtesse; mais qu'elles ne tournerent point du tout dans le vuide. Il
croit que ce vent fut occasionné par
la matiere électrique, qui en sortant
de la pointe forma un courant dans
l'air : mais il n'a pas essayé ce qui arriveroit en présentant les girouettes à
une pointe qui recevroit le fluide électrique (b).

M. Wilson a observé en dernier
lieu, que si on présente une aiguille
à un morceau de duvet pendu au con-

_____

(b) Wilson's, essai, pag. 143.
(c) Ibid. pag. 141.

ducteur, il s'y attache aussi-tôt ; mais que, quand on lui présente quelque chose d'émoussé, il est repoussé de nouveau : il dit que M. Canton a fait plusieurs expériences curieuses dans le même genre (a).

Dans cette période de temps M. Smeaton a observé, que si un homme isolé pressoit contre le globe avec le plat de sa main, tandis qu'un autre debout sur le parquet feroit la même chose afin de l'électriser, celui qui feroit isolé ne feroit presque pas électrisé ; mais qu'il le feroit très-fortement, s'il ne faisoit que poser légérement ses doigts sur le globe (b). M. Smeaton a remarqué aussi, qu'ayant chauffé, jusqu'à rougir, le milieu d'une grande barre de fer, & l'ayant électrisée, le pouvoir électrique de la partie chauffée se trouva aussi fort que celui de la partie froide (c).

Nous sommes redevables à l'ingénieux Docteur Miles de plusieurs découvertes curieuses au sujet de l'Elec-

(a) Wilson's, essai, pag. 153.
(b) Ibid. pag. 24.
(c) Ibid. pag. 229.

tricité. Il dit, dans un Mémoire qui fut lu à la Société royale le 25 Janvier 1746, qu'ayant frotté un bâton de cire d'Espagne noire avec du papier blanc & brun, ou avec une flanelle nette & seche, il devint capable d'allumer une lampe à l'esprit de vin. En comparant le bâton de cire avec le tube de verre, il observa une différence remarquable dans l'apparence du feu qui sortoit de l'un & de l'autre, quoiqu'il n'en comprît pas la raison. Il dit que les écoulements lumineux sortirent en bien plus grande quantité du bout de son doigt quand il le présenta au bâton de cire, que lorsqu'il le présenta au tube du verre. Il remarqua plusieurs fois qu'il paroissoit d'abord un petit globule de feu sur son doigt, d'où sortoit un courant de lumiere vers la cire, sous la forme d'une queue de comete. On fait bien maintenant que c'est ce qui arrive constamment entre un corps non électrisé, & un autre électrisé négativement (a).

_____

(a) Wilson's, essai, pag. 317.

Le Docteur Miles a trouvé qu'un
bâton de soufre réuſſit fort bien ; mais
point du tout, quand on met une baguette de fer dans ſon axe pour le
fortifier. Une choſe ſinguliere, c'eſt
qu'après avoir placé ce bâton debout
dans une armoire, il perdit toute ſa
vertu électrique, & on ne put jamais,
par la ſuite, lui donner le moindre
degré d'électricité. Le Docteur attribua cet effet à ce qu'on l'avoit ſerré
ſans aucune couverture.

Le Docteur Miles rapporte auſſi
qu'il acheta un jour un tube de verre
verd, qu'il ne put électriſer qu'avec
beaucoup de peine, encore ne le fut-il
que fort peu (a).

Le même Phyſicien fit une expérience quelque temps après, ſur des morceaux de feuilles de cuivre dans une
bouteille bouchée hermétiquement.
Il trouva qu'il leur pouvoit donner
du mouvement en en approchant le
tube électriſé, de même que ſi elles
euſſent été dans l'air libre ; mais il y
eut un phénomene qui le frappa, &

(a) Phil. Tranſ. Abridged, vol. 10,
pag. 320.

K iv

dont il ne donne pas une explication
fatisfaifante. Il remarqua que quand
il écarta lentement le tube du vafe
vuide d'air, on ne vit point de mouvement dans la feuille de cuivre ; au
lieu qu'il étoit fort vif, quand on en
écartoit le tube brufquement. A la
vérité, il n'étoit guere poffible de
rendre raifon de ce fait, à moins de
le comparer avec d'autres faits qui
dépendent du même principe, & qui
ne furent découverts que quelques
années après (a).

De l'Angleterre, à qui je dois,
comme Anglois, donner la préférence fur des matieres abfolument
indifférentes, je paffe à la France où
fe font faites, dans l'efpace de temps
dont je parle, les découvertes les plus
nombreufes & les plus importantes,
après celles néanmoins qui furent faites en Angleterre. Il eft fûr qu'il n'y
a perfonne en France, après M. du
Fay, qui ait rendu fon nom fi célebre
que M. l'Abbé Nollet, fon ami & fon
affocié.

_____

(a) Phil. Tranf. Abridged, vol. 10
pag. 326.

L'obfervation favorite de M. l'Abbé Nollet, fur laquelle il a conftruit fa théorie des affluences & effluences, fut, que les corps non ifolés, plongés dans des atmofpheres électriques, donnoient des fignes d'électricité. Il obferva, dans les circonftances ci-deffus, un vent fenfible fortant de la main d'une perfonne non électrifée ; comme auffi l'attraction & la répulfion des corps légers, l'apparence de flamme, la diminution du poids des corps par l'augmentation d'évaporation, & prefque tous les autres effets & apparences d'électricité. De plus, obfervant que le globe en tournant, même étant frotté par une main nette, contractoit de la faleté ; il eut la curiofité de ramaffer une certaine quantité de la matiere qui formoit cette faleté ; & remarquant que quand on la jettoit au feu, elle avoit une odeur de poil brûlé, il en conclut que c'étoit une fubftance animale, & qu'elle avoit été portée de fon propre corps au globe par la matiere affluente (a).

_____

(a) Recherches de M. Nollet, pag 142.

K v

La seule erreur dans laquelle cet
ingénieux Physicien ait donné dans
ses expériences, & qui a été la source
de beaucoup d'autres, fut de décider
que l'électricité du corps qui étoit
plongé dans l'atmosphere d'un corps
électrisé, étoit de même nature que
celle du corps électrisé. S'il eût seulement conservé la distinction que M.
du Fay avoit découverte entre les
deux électricités [32], & qu'il eût
dit que le corps électrisé & celui qui
étoit plongé dans son atmosphere,
possédoient ces deux électricités différentes & opposées, il auroit pu ar-

☞ [32]. Pour savoir si M. l'Abbé Nollet
a donné dans une erreur, en n'admettant pas
la distinction de deux électricités *essentielle-
ment* différentes, qu'avoit admise M. du Fay;
il ne faut pas s'en rapporter à ce qu'en dit
notre Auteur, sans donner aucune preuve de
ce qu'il avance. Il est plus raisonnable & plus
juste de voir comment ce Physicien a combattu
cette prétendue distinction. On trouvera cette
matiere traitée fort au long & bien discutée
dans les Mémoires de M. l'Abbé Nollet, in-
sérés dans ceux de l'Académie des Sciences,
pour les années 1752, 1755, 1756; & dans
les Tomes I & II de ses *Lettres sur l'Electricité.*

river aux grandes découvertes que
firent M. Canton, le Docteur Franklin & M. Wilke, qui, comme nous
le verrons, partirent de cette observation ; il auroit par-là évité beaucoup de débats & de disputes, qui
n'ont pas fini à son avantage [33].

Cette découverte de M. l'Abbé
Nollet, n'est pas la seule que l'Histoire de l'Electricité nous offre de lui
dans le cours de cette période. Il fit
plusieurs expériences sur les corps terminés en pointe, & observa que ceux
qui avoient les pointes les plus dé-

☞ [33]. Toutes les disputes & les débats
que M. l'Abbé Nollet a eus à soutenir, n'ont
roulé que sur des faits ; il les a tous vérifiés
en présence de Commissaires éclairés & désin-
téressés, que l'Académie des Sciences avoit
nommé à sa réquisition, pour en être témoins
& lui en rendre compte, & qui en ont attesté
la vérité, comme on le peut voir par les certi-
ficats autentiques qui sont imprimés à la fin
de la première & de la seconde partie de ses
Lettres sur l'Electricité. Peut-on dire après
cela que ces *disputes n'ont pas fini à son avantage ?* Il ne faut point oublier que notre Auteur est Anglois ; & qu'il vient de dire qu'il
doit des préférences à sa Patrie.

K vj

liées , montroient le plutôt des aï-
grettes de feu électriques ; mais qu'ils
ne donnoient pas les autres signes d'é-
lectricité si fortement que les corps
qui n'étoient pas pointus (a).

Il prit beaucoup de peines à faire
des expériences , pour déterminer
dans quels degrés diverses substances
étoient conducteurs d'électricité , &
trouva que la fumée de gomme
laque , de térébenthine, de karabé &
de soufre ne dépouilloient pas de son
électricité un tube frotté , si promptement que la fumée de linge, de bois,
& particuliérement la vapeur de l'eau,
& sur-tout celle du suif & autres substances grasses. En un mot, il trouva
que les vapeurs qui n'étoient point
aqueuses , ne nuisoient que peu ou
point du tout aux expériences electriques , pourvu que le corps ne reçût
pas ces émanations de trop près ;
c'est-à-dire , à peu de distance au-
dessus du feu qui les occasionnoit. Une
chambre remplie de fumée ne l'empêchoit pas de faire ses expériences,

_____

(a) Recherches , pag. 146.

du moins cela nuiſoit peu ; & les émanations odorántes ne leur préjudicioit point du tout (a).

M. l'Abbé Nollet fit auſſi pluſieurs obſervations curieuſes ſur la chaleur, & les corps chauffés. Il trouva qu'un morceau de fer chauffé juſqu'à blanchir, au point de pétiller de toutes parts, ne laiſſoit pas la plus légere trace d'électricité à un tube frotté, qu'on en approchoit à la diſtance de cinq ou ſix pouces, ſans l'y laiſſer plus de deux ou trois ſecondes. Mais il ceſſa d'affecter auſſi ſenſiblement le tube à la même diſtance, avant que de ceſſer d'être rouge, & n'y produiſit plus aucun effet long-temps avant que d'être froid. L'électricité du tube dans ce cas-là, fut probablement emportée dans l'air échauffé par le fer ; car il n'eſt guere poſſible de ſuppoſer que le fer envoie aucunes émanations capables de produire cet effet (b).

Il trouva que le tube frotté ne per-

(a) Recherches, pag. 194.
(b) Ibid. pag. 216.

doit rien de fon électricité au foyer
d'un miroir ardent. On avoit reconnu
auparavant que la flamme de la chandelle , ou feulement fon approche ,
détruifoit l'électricité. Il obferva que
la flamme étoit fenfiblement troublée
par l'approche du tube frotté ; & il
rapporte que M. du Tour & l'Abbé
Needham ont remarqué que l'interpofition du morceau de verre le
plus mince , ou de toute autre fubftance , entre la chandelle & le tube ,
fuffifoit pour empêcher la diffipation
de l'électricité. On conclut de ce fait
que la diffipation étoit occafionnée par
quelques émanations fortant de la
chandelle (a).

En continuant fes obfervations fur
les chofes qui augmentoient & em-
pêchoient l'effet des expériences électriques ; il trouva qu'un corps léger
pofé fur un gueridon non électrique
fe mouvoit plus vivement à l'approche d'un corps électrifé , que quand
il étoit placé fur un gueridon électrique (b). Il obferva que plufieurs

(a) Recherches , pag. 219.
(b) Ibid. pag. 122.

expériences électriques ne réuffiffoient
jamais mieux que quand il y avoit
beaucoup de fpectateurs, & quand
ils s'approchoient & fe ferroient les
uns les autres pour voir fes expériences, pourvu cependant qu'ils n'occa-
fionnaffent pas une tranfpiration affez
grande pour humecter fes verres (a).
Nous trouverons cette obfervation
expliquée ci-après par M. Wilke.

M. l'Abbé humecta avec de l'eau
ou de l'efprit de vin, une petite barre
de fer, & trouva que le petit vent
qui en fortoit, étoit plus fenfible que
quand la barre n'étoit pas humectée :
il attribua cet effet à ce que le fluide
électrique emportoit avec lui quelques-unes des particules de l'eau ou
de l'efprit de vin (b).

M. l'Abbé Nollet fit quelques obfervations fur la différence entre l'é-
lectricité communiquée, & entre
l'électricité du verre & celle du foufre. Il obferva que l'électricité d'un
globe ou d'un tube frotté, caufoit

_____

(a) Recherches, pag. 123.
(b) Ibid. pag. 140.

une fenfation finguliere fur le vifage, comme fi on y promenoit une
toile d'araignée ; au lieu que l'électricité communiquée, produifoit rarement un pareil effet : il dit auffi
qu'on peut s'appercevoir de l'électricité excitée, par l'odorat, a plus d'un
pied de diftance ; ce qui ne fe peut
pas par rapport à l'électricité communiquée (a).

Il fondit du foufre dans un globe
de verre, en le faifant tourner au-
deffus d'un réchaud plein de charbons
allumés. Et alors il obferva que les
petits morceaux de foufre, avant que
de fe fondre, étoient attirés & repouffés par le verre en dedans, en
même-temps que les cendres des
charbons étoient attirées en dehors (b).
En tenant d'une main un morceau de
foufre électrifé, avec un duvet de
plume qui y étoit attaché & prêt à
tomber, il dit que le duvet fe colla
au foufre, dès qu'il lui préfenta un
tube de verre fortement électrifé,

(a) Recherches, pag. 136.
(b) Ibid. pag. 184.

qu'il tenoit en son autre main (*a*).

Je rapporterai en dernier lieu les expériences que M. l'Abbé Nollet fit dans le vuide. Il trouva que le verre & les autres corps électriques , pouvoient s'électrifer dans le vuide ; mais pas si fortement que dans l'air libre (*b*). Il observa qu'il y avoit une différence remarquable dans l'apparence de la lumiere électrique dans le vuide & en plein air ; & qu'elle étoit plus étendue & continue dans le vuide (*c*). En introduisant le bout de son conducteur dans un vaisseau de verre vuide d'air , il observa que le vase étoit plein de lumiere toutes les fois qu'il y portoit la main ; que cette lumiere augmentoit considérablement , quand il étendoit sa main dessus , & que tout le vase sembloit être rempli de lumiere quand il tiroit une étincelle du conducteur. Il observa aussi que des petits morceaux de métal , renfermés dans le vaisseau , s'attachoient fortement au verre ; mais

---

(*a*) Recherches , pag. 124.
(*b*) Ibid. pap. 236.
(*c*) Ibid. pag. 248.

qu'ils s'en détachoient sitôt qu'on approchoit le doigt ou quelque autre corps du conducteur en dehors.

Il y a eu en France, dans cette période de temps, quelques Electriciens dont les expériences & les observations méritent d'être rapportées. M. Boulanger est de ce nombre. Il se donna beaucoup de peines pour déterminer à quel degré différentes substances sont susceptibles d'électricité. Il dit avoir fait ses expériences avec le plus grand soin; & quoique l'état actuel de cette science ne permette pas de déterminer ce point avec beaucoup d'exactitude, on pourra en voir le résultat avec plaisir. C'est ce qu'il a compris dans la table suivante, en divisant les corps en cinq colonnes, & commençant dans chacune par les corps qui sont les moins électrisables.

PREMIERE COLONNE.

L'ébene.	L'orme.
Le gayac.	Le fresne.
Le buis.	Le tilleul.
Le bois de Santal.	Le rosier.
Le chesne.	Le saule.

L'ozier.

Le liége.

Le bois sec de

toute espece.

Toutes les plantes séches.

SECONDE COLONNE.

Toutes sortes de coquilles.

Les os de baleine.

Les os.

L'ivoire.

La corne.

Les écailles.

Le parchemin.

Le poil.

La laine.

Les plumes.

Le coton.

La soie.

TROISIÉME COLONNE.

L'alun.

Le sucre candi.

Le phosphore de Berne.

La cire jaune & la blanche.

Le vernis du Japon.

Le sandarac.

Le mastic.

L'ambre.

Le jayet.

La poix.

La gomme copale.

La gomme laque.

La colophone.

Le soufre.

La cire à cacheter.

Tous les sels qui ont assez de consistance.

Toutes les résines.

QUATRIÉME COLONNE.

L'aimant.

Le marbre de tou-
tes couleurs.

L'ardoise.

La pierre de taille.

Le granite.

Le porphire.

Le jaspe.

La terre vernie.

Les cornalines.

Les agates.

Toutes les pierres
précieuses opa-
ques.

La porcelaine.

CINQUIÉME COLONNE.

L'hyacinthe.

L'opale.

L'émeraude.

L'améthyste.

La topaze.

Le rubis.

Le saphir.

L'œil de chat.

Le peridot.

Le granite.

Le crystal de ro-
che.

Le talc de Mos-
covie & de Vé-
nise.

Les diamants co-
lorés & sur-tout
les jaunes.

Les diamants
blancs & sur-
tout les bril-
lants.

Toutes les pierres
précieuses transf-
parentes.

Le verre & toutes
les vitrifica-
tions, sans en
excepter les mé-
talliques.

L'Auteur conclut de ce catalogue que les substances les plus cassantes & les plus transparentes sont toujours les plus électriques, & il a recours à une hypothese ridicule, pour rendre raison pourquoi les marcassites ne sont point du tout électrisables, quoiqu'elles soient cassantes & transparentes. Il dit que cela vient de l'air condensé que ces substances contiennent, & que l'on connoît propre à empêcher l'électrisation (a).

Le même Auteur dit que les eaux minérales sont bien plus sensiblement affectées par l'électricité que l'eau commune ; que les rubans noirs sont beaucoup plutôt attirés que ceux des autres couleurs ; & qu'après eux ce sont les bruns, & ceux d'un rouge foncé (b).

M. le Cat, Chirurgien de l'Hôpital à Rouen, qui s'est distingué par plusieurs ouvrages, a suspendu à son conducteur plusieurs morceaux de feuilles d'or, & a remarqué qu'ils se

---

(a) Boulanger, pag. 74.
(b) Ibid. pag. 123.

tenoient à différentes distances selon
leur grandeur , les plus petits se pla-
çant auprès du conducteur , & les
plus grands s'en écartant le plus. Il
compare ceci à la distance à laquelle
les planetes font leurs révolutions autour du soleil , & suppose que cela
vient de la même cause dans tous les
deux. Le même Auteur compare très-
particuliérement au tonnerre la commotion électrique qui étoit alors tout
nouvellement découverte (a).

L'Allemagne a fourni peu d'arti-
cles à l'Histoire de l'Electricité pendant cette période. Il y en a un cependant qui est fort curieux , & qui
mérite d'être transmis à la postérité.
Le P. Gordon d'Erford a excité si fortement l'électricité d'un chat, qu'en la
transmettant par des chaînes de fer,
elle enflamma de l'esprit de vin (b).

Nous avons déja dit ailleurs que
plusieurs personnes en Allemagne,
aussi-bien qu'en Angleterre , avoient
remarqué que si un homme , qui frot-

(a) Histoire de l'Electricité, pag. 84, 85.
(b) Nollet, Recherches, page 98.

toit le globe, étoit isolé, on appercevoit des étincelles en le touchant ;
mais MM. Klingstierna & Strœma,
deux professeurs Allemands, furent
les premiers qui se servirent de frottoir pour électrifer : & leurs expé-
périences furent publiées dans les
actes de l'Académie royale des Sciences de Stockholm , pour l'année
1747 (a).

M. Jallabert, ci-devant professeur
de Philosophie à Geneve , trouva
qu'une enveloppe de poix n'empêchoit
pas le conducteur de s'électrifer ; ce
qui prouve que le fluide électrique
entre dans la substance des métaux.
Il prouva aussi que la glace étoit un
conducteur d'électricité , en faisant
l'expérience de Leyde avec une bouteille dont l'eau étoit gelée (b).

Ces effets surprenants de l'électricité commencerent alors à exciter les
Physiciens à la chercher dans des lieux
où l'on ne s'étoit point attendu de la
trouver. M. Hawkesbée étoit con-

(a) Wilke, pag. 112.
(b) Histoire de l'Electricité, pag. 95 , 96.

vaincu que le verre contribuoit principalement à produire la lumiere qu'on
appercevoit en fecouant du mercure
dans des vafes de verre vuides ou non
vuides d'air. Nous voyons dans un
Mémoire lu à la Société royale, le
13 Février 1746, que M. Allamann
répéta quelques-unes de ces expériences, & obferva que cette lumiere
électrique étoit accompagnée d'une
puiffance attractive. Il approcha quelques duvets de plume d'un tube de
verre, dans lequel on fit rouler du
mercure d'un bout à l'autre, & il vit
qu'à mefure que le mercure paffoit,
le duvet étoit attiré (a). M. Ludolf,
le jeune, avoit déja fait une obfervation femblable, dont nous avons
parlé ci-devant.

M. Coke, de l'ifle de Wight, fut le
premier qui remarqua que les habillements de laine donnoient des fignes
d'électricité, quand on les quittoit; &
après s'être affuré que les éclats de
lumiere qu'ils donnoient, venoient

_____

(a) Phil. Tranf. Abridged, vol. 10,
pag. 321.

réellement

réellement de l'électricité, il en rendit compte à la Société royale dans un Mémoire, où il dit qu'une dame de sa connoiffance en fit l'obfervation ; & que l'on trouva auffi qu'il n'y avoit que la flanelle neuve, & celle qui avoit été portée quelque temps, qui produisît cet effet ; & que cette propriété se perdoit auffi-tôt qu'on la lavoit (a).

Il obferve que dans une autre occafion on vit très-bien les mêmes effets par un temps de gelée ; il remarque que dans cette faifon en général, l'air eft plus pur & moins humide, & de plus, que toutes les fubftances de poil & de corne, (car, ajoute-t il, les poils font de la nature de la corne,) font plus élaftiques & conféquemment plus fufceptibles & plus capables d'un mouvement de vibration. Il prétend que dans la flanelle humectée de l'eau de la mer, & enfuite féchée, les apparences électriques font plus fortes (b).

_____

(a) Phil. Tranf. Abridged , vol. 10, pag. 343.

(b) Ibid. pag. 344.

Tom. I.   L

Mais quoique ce fût la premiere fois qu'on attribua ces effets à l'électricité, on avoit déja observé plusieurs apparences semblables. Bartholin, qui florissoit en 1650, écrivit un livre *De luce Animalium*, dans lequel il suppose que les émanations onctueuses ont beaucoup de part à ces phénomenes. Le même Auteur écrit qu'on pouvoit appercevoir Théodore de Beze, à une lumiere qui sortoit de ses sourcils ; & qu'il s'élançoit des étincelles du corps de Charles de Gonzague, duc de Mantoue, quand on le frottoit doucement. Mais il ne dit pas s'il avoit sur sa peau quelque surface velue ou écailleuse (a).

Le Docteur Simpson, qui a publié une Dissertation philosophique sur la Fermentation, dédiée à la Société royale, en 1675, parle aussi de la lumiere qu'on fait sortir des animaux par le frottement ; comme, par exemple, en peignant la tête d'une femme, en étrillant un cheval, & en caressant le dos d'un chat (a).

(a) Phil. Transf. Abridged, vol. 10, pag. 344.

(b) Ibid. pag. 279.

Pareillement M. Clayton, dans une lettre qu'il écrivit à M. Boyle, datée de James-Town à la Virginie, le 23 Juin 1684, lui rend compte d'un événement étrange, dit-il, qui est arrivé à une nommée Madame Sewal, dont les habillements jetterent quantité d'étincelles, qui furent apperçues de plusieurs personnes. La même chose arriva à Milady Baltimore sa belle-mere (a).

Je finirai cette section en rapportant ce que j'ai pu trouver dans cette période, sur l'augmentation du pouvoir de l'électricité, & sur la mesure de ses effets.

M. le Monnier, le jeune, dont on a souvent cité le nom dans le cours de cette Histoire, se servit de verres sphéroïdes au lieu de globes, & tâcha d'en augmenter la puissance électrique, en faisant usage de plusieurs de ces sphéroïdes à la fois ; mais il trouva qu'ils ne répondoient point à ses espérances, & en fut disposé à con-

---

(a) Philos. Transf. Abridged, vol. 10, pag. 278.

clure qu'il pouvoit y avoir un *Nec plus ultrà* , dans l'intensité de l'électricité , aussi bien que dans la chaleur communiquée à l'eau bouillante (*a*).

Ayant remarqué que le verre étoit si propre à l'électricité , il ne faut pas être surpris que les Physiciens ayent tâché de découvrir quelle étoit l'espece de verre le plus capable d'être électrisé jusqu'à un certain degré. Entre autres propositions , nous en trouvons une très - mémorable , qui fut communiquée à la Société royale , le 6 Avril 1749 , par M. George-Matthias Bose de Wittemberg. Il dit qu'un ballon de verre , dont on s'est souvent servi dans des distillations violentes & autres opérations Chymiques , produit une électricité infiniment plus forte , qu'aucun verre qui n'a jamais été exposé à un feu si violent. Cet article est d'autant plus curieux , qu'il nous fait voir combien les Physiciens de ce temps là tiroient

_____

(*a*) Philos. Transact. Abridged , vol. 10, pag. 330.

de gloire de faire des découvertes en Electricité. Il prétend être le premier qui ait jamais fait mention de cette circonstance, qu'il appelle remarquable ; & il pria le Docteur Watson, à qui il la communiquoit, de lui laisser les honneurs de cette découverte dans les Transactions Philosophiques (a).

Ce fut pendant le cours de cette période, que le docteur Wilson imagina d'augmenter la force de l'électricité, en humectant le frottoir de son globe ; quoiqu'il ne fût pas instruit de toutes les raisons qu'il y avoit pour en user ainsi. Il observa qu'un homme debout sur le parquet, pour frotter le globe avec sa main, l'électrisoit plus fortement que ne pouvoit le faire un coussin. Il ne pouvoit pas concevoir, dit-il, d'où venoit cette différence, si ce n'est de ce que sa main étoit plus humide, & par conséquent transmettoit plus aisément l'électricité qui venoit du par-

_____

(a) Phil. Transf. Abridged, vol. 10, pag. 329.

quet. C'eſt pourquoi il fit humecter
ſa machine, & même ſon couſſin;
& il trouva pour-lors l'électricité auſſi
forte que quand il frottoit le globe
avec la main (*a*) [34].

Un Phyſicien de Chartres en France, augmenta, dit-il, conſidérable-
ment les effets de l'électricité, au
moyen de l'humidité; & l'Auteur de
l'*Hiſtoire de l'Electricité* l'a beaucoup
tourné en ridicule pour l'avoir ſoutenu.

M. Wilſon dit que ſi le couſſin
(qui étoit fait de cuir) étoit enduit
de feuilles d'or, d'argent ou de cuivre, il réuſſiroit fort bien; & que le
cordon de ſoie, auquel eſt ſuſpendu
le conducteur, doit être rouge ou
jaune (*b*). Il eſt à propos, dit-il, que
la table ſoit poſée ſur un terrein hu-

(*a*) Phil. Tranſ. Abridged. vol. 10,
pag. 312.
(*b*) Wilſon's, eſſai, pag. 5, 6.

☞ [34] Il y a toute apparence que M.
Wilſon s'eſt trompé: car tous les Electriciens
ſavent qu'une main humide, ainſi qu'un frottoir mouillé, n'électriſe le globe que peu,
ou même point du tout.

mide, ou qu'il y ait un fil de fer qui
paffe de la machine au terrein humide. (a).

Le Docteur Watfon a trouvé auffi
que quoiqu'on ne pût pas produire de
l'électricité en frottant le globe avec
des corps électriques, parfaitement
fecs; ils lui réuffirent cependant très-
bien, quand il les eut humectés; l'eau
qui imbibe ces fubftances, fert comme d'un canal de communication à
l'électricité, entre la main ou le
couffin & le globe; de la même maniere que l'air chargé de vapeurs dans
un temps humide, empêche la matiere électrique de s'accumuler jufqu'à un certain point, en la tranfmet-
tant, auffi-tôt qu'elle eft excitée, aux
corps non électriques les plus voifins.
Il obferva au contraire, que la plupart des fubftances végétales, quoique fechées, autant qu'il eft poffible,
fourniffoient de l'électricité, mais en
petite quantité. Il tira de l'électricité non - feulement du linge, du
coton, &c. mais même des feuilles

(a) Wilfon's, effai, pag. 8.

L iv

de papier, & d'une planche de sa-
pin (a).

M. l'Abbé Nollet dit avoir trouvé
que l'efprit de térébenthine étendu
fur un morceau d'étoffe de laine,
électrifoit très - fortement le verre ;
mais que la moindre humidité qui s'y
mêle, empêche l'électrifation (b).

M. Boulanger dit que fi l'on prend
deux cylindres faits de la même forte
de verre, & façonnés de même, dont
l'un foit tranfparent & l'autre teint
de quelque couleur que ce foit, le
tranfparent fera beaucoup plus facile
à électrifer que l'autre (c). Il reconnoît cependant, que quelquefois le
verre le plus tranfparent & le plus
caffant n'eft capable d'acquérir que
peu d'électricité (d). Il dit dans un
autre endroit, qu'un cylindre de trois
ou quatre lignes de diametre acqué-
rera une électricité plus forte & plus
durable, qu'un cylindre d'une feule

_____

(a) Wilfon's, effai, pag. 380.
(b) Recherches de M. l'Abbé Nollet,
pag. 185.
(c) Boulanger, pag. 64.
(d) Ibid. pag. 64.

ligne de diametre (*a*). Il dit encore , que les deux mains d'un homme ou un couffin réuffiffent mieux que s'il y en avoit davantage (*b*).

Vers le même temps où le Docteur Watfon fit fes premieres expériences fur la bouteille de Leyde , M. Canton découvrit une méthode pour pouvoir mefurer affez exactement la quantité d'électricité accumulée dans la bouteille. Il prit la bouteille chargée dans une main , & lui fit donner une étincelle à un conducteur ifolé , & reprit cette étincelle de fon autre main. Il répéta cette opération jufqu'à ce que le tout fût déchargé , & il eftima la quantité de la charge par le nombre des étincelles. C'eft une méthode affez certaine & exacte pour connoître jufqu'à quel point une bouteille a été chargée [34] ; mais ce

---

(*a*) Boulanger , pag. 135.
(*b*) Ibid. pag. 136.

☞ [35] On ne peut pas trop compter fur l'exactitude de cette méthode , parce que le nombre des étincelles qu'on tire de la bouteille , dépend fouvent de la maffe du conducteur, au moyen duquel on les tire. Ainfi il fe pour-

dont les Electriciens ont befoin, c'est d'une méthode pour déterminer à quel point elle est chargée, ou la force exacte de la charge, tandis qu'elle est contenue dans la bouteille.

M. Ellicot fit quelque chofe de ce genre dans la même année 1746. Il fe propofa d'eftimer la force de l'électrifation ordinaire, par le pouvoir qu'elle auroit d'élever un poids dans un plateau de balance, en tenant l'autre au-deffus du corps électrifé, qui le tireroit à lui par la puiffance attractive (a).

M. l'Abbé Nollet fit ufage des fils dont MM. Grey & du Fay s'étoient fervis dans les expériences électriques, pour mefurer le degré de l'électricité. Il en fufpendit deux enfemble, & obferva l'angle qu'ils formoient en divergeant, par le moyen des rayons du foleil, ou de la lumiere d'une chandelle, & l'ombre qu'ils projet-

---

(a) Boulanger, pag. 324.
roit faire que ce nombre d'étincelles fût plus ou moins grand en différentes épreuves, quoique la bouteille fût chargée au même degré.

toient fur une planche placée derriere
eux. M. Waitz fe fervit auffi de la
même efpece d'Electrometre , avec
cette différence qu'il chargea le bout
des fils avec de petits poids (*a*).

(*a*) Hiftoire de l'Electricité , pag. 58.

L vj

PÉRIODE VIII.

SECTION IV.

Expériences faites pendant cette Période sur les animaux & autres corps organisés, avec d'autres expériences qui y ont rapport, faites principalement par M. l'Abbé Nollet.

JUSQU'ICI l'attention qu'on avoit apportée aux effets de l'Electricité sur les corps humains, n'étoit pas allée plus loin que la simple commotion de la bouteille de Leyde. Mais nous allons voir, à ce sujet, une suite curieuse d'expériences que nous a fournies M. l'Abbé Nollet. Les Physiciens Anglois qui ont frayé le chemin dans presque toutes les autres applications de l'Electricité, ont été les derniers à essayer ses effets sur les animaux & les

autres corps organisés. Le seul article
qui ait été fourni par aucun Anglois
sur cette matiere, avant les découvertes de M. l'Abbé Nollet, est de
M. Tremblay; qui dit que plusieurs
personnes avoient remarqué que, tandis qu'on les électrisoit, leur pouls
battoit un peu plus vîte qu'auparavant. Il assure que lui-même après
avoir été électrisé long tems de suite,
avoit éprouvé une sensation extraordinaire dans tout son corps; & que
quelques personnes avoient senti des
douleurs fort vives après avoir été
électrisées (a).

L'ingénieux Abbé Nollet commença ses expériences par l'évaporation
des fluides par l'électricité. Elles furent faites avec la plus grande attention; & les cinq observations suivantes en sont les résultats.

» L'Electricité augmente l'évapo-
» ration naturelle des liqueurs, puis-
» qu'à l'exception du mercure qui est
» trop pesant, & de l'huile d'olives

(a) Phil. Transf. Abridged, vol. 10,
pag. 331.

» dont les parties ont trop de vifco-
» fité , toutes les autres qui ont été
» éprouvées , ont fouffert des pertes,
» qu'il n'eft gueres poffible d'attribuer
» à d'autre caufe qu'à l'électricité.

» 2°. L'Electricité augmente d'au-
» tant plus l'évaporation , que la li-
» queur fur laquelle elle agit, eft par
» elle-même plus évaporable. Car l'ef-
» prit volatil de fel ammoniac a fouf-
» fert plus de déchet que l'efprit de-
» vin, ou celui de térébenthine ; ces
» deux dernieres liqueurs plus que
» l'eau commune ; & l'eau plus que
» le vinaigre , ou la folution de nitre.

» 3°. L'Electricité a plus d'effet fur
» les liqueurs, quand les vafes qui les
» contiennent , font de nature à s'é-
» lectrifer davantage ou plus facile-
» ment par communication ; au moins
» m'a-t-il paru que les effets étoient
» toujours un peu plus grands quand
» les vaiffeaux étoient de métal , que
» quand ils étoient de verre.

» 4°. L'évaporation forcée par l'é-
» lectricité eft plus confidérable quand
» le vafe qui contient la liqueur eft
» plus ouvert ; mais les effets n'au-
» gmentent pas fuivant le rapport des

» ouvertures ; car ces liqueurs, quand
» on les électrifoit dans des capfules
» de quatre pouces de diametre, pré-
» fentoient à l'air feize fois autant de
» furface , que quand elles étoient
» contenues dans des caraffes dont le
» goulot n'avoit qu'un pouce de dia-
» metre : cependant il s'en falloit bien
» qu'il y eût cette différence entre les
» effets.

» 5°. L'électrifation ne fait point
» évaporer les liqueurs à travers les
» pores du métal , ni à travers ceux
» du verre ; puifqu'après des épreu-
» ves qui ont duré dix heures , on ne
» trouve aucune diminution dans leur
» poids , lorfqu'on a tenus bien bou-
» chés les vaiffeaux dans lefquels on
» les avoit enfermées (a) ».

Après avoir fait des expériences fur
les fluides, il en entreprit une autre fuite
fur les folides de différents genres ,
dont le réfultat fut qu'ils ne perdoient
du poids qu'à proportion de l'humidité qu'ils contenoient (b).

***

(a) Nollet, Recherches , pag. 327.
(b) Ibid. pag. 335.

Cet Auteur étendit aussi ses expériences sur d'autres qualités sensibles des corps, telles que leur odeur, leur goût, & leurs propriétés chymiques; mais après avoir électrisé fortement & long-temps beaucoup de ces substances, il ne trouva de changement dans aucune d'elles. L'électrisation n'affecta point le pouvoir de l'aimant; & ne causa aucun retardement ni accélération dans le refroidissement des corps (a).

Il passa ensuite à l'électrisation de l'eau dans des vaisseaux terminés par des tubes capillaires : M. Boze avoit observé, & communiqué son observation à M. l'Abbé Nollet (b), que l'eau sortoit de ces tuyaux en un jet continu, quand ils étoient électrisés, au lieu que sans cette opération elle n'en sortoit que lentement & goutte à goutte. Chacun jugea au premier coup-d'œil, que l'écoulement étoit accéleré, & que le vaisseau électrisé seroit bientôt vuide ; mais ce Physi-

(a) Nollet, Recherches, pag. 341.
(b) Ibid. pag. 343.

cien exact ne voulut pas s'en rapporter aux premieres apparences ; c'eſt
pourquoi il réſolut de s'aſſurer du fait
en meſurant le temps & la quantité
de liqueur qui s'écouloit. Et pour connoître ſi l'accélération , ſuppoſé qu'il
y en eût quelqu'une , étoit uniforme
durant tout le temps de l'écoulement,
il ſe ſervit de vaiſſeaux de différentes grandeurs , qui ſe terminoient en
tuyaux de divers calibres , depuis trois
lignes de diametre juſqu'aux plus petits tuyaux capillaires.

M. l'Abbé , n'ayant pas trouvé qu'il
fût auſſi aiſé qu'on auroit pu ſe l'imaginer d'abord , de tirer une conclu-
ſion certaine en pareil cas , nous a
donné en gros les réſultats ſuivants
de plus de cent expériences (a).

» 1°. L'électricité accélére toujours
» les écoulements qui ſe font goutte
» à goutte par des tubes capillaires.

» 2°. Cette accélération , pour l'or-
» dinaire, n'eſt pas auſſi grande qu'elle
» le paroît , à en juger par le nombre
» des jets qu'on apperçoit.

_____

(a) Nollet , Recherches , pag. 348. Philoſ. Tranſ. Abridged , vol. 10 , pag. 382.

» 3°. L'écoulement est d'autant plus
» accéléré que le canal par où il se
» fait, est plus étroit,

« 4°. Il ne paroît ni accélération
» ni retardement lorsque la liqueur
» sort d'une maniere continue, &
» par un canal d'une certaine largeur,
» comme d'une ou de deux lignes de
» diametre.

« 5°. Au lieu d'accélération, la
» vertu électrique occasionne un re-
» tardement, lorsque l'eau s'écoule
» par un orifice d'une certaine dimen-
» sion, qui m'a paru être environ une
» demi-ligne de diametre, & un peu
» au-dessous, sur-tout quand l'élec-
» tricité est forte (*a*) «.

De toutes ces expériences, les plus
difficiles à expliquer, de l'aveu même de cet ingénieux Auteur, sont
celles qui supposent un rallentisse-
ment dans l'écoulement électrique,
& il douta long-temps du fait ; mais
après un grand nombre d'essais, soigneusement marqués dans son jour-
nal, il l'admit enfin quoique toujours

(*a*) Nollet, Recherches, pag. 348.

en héfitant, & il en donna la meilleure explication qu'il put , qui , à
la vérité , ne fut pas des plus fatisfai-
fantes (a).

Cet Auteur a décrit en détail le
beau fpectacle que fourniffent ces
écoulements d'eau électrifés , quand
on fait l'expérience dans l'obfcurité,
telle que M. Boze & le P. Gordon
l'avoient obfervé les premiers (b).

Ces dernieres expériences fervirent
comme de bafe aux recherches ultérieures de M. l'Abbé Nollet. Il confidéra tous les corps organifés comme
des affemblages de tuyaux capillaires,
remplis d'un fluide qui tend à circuler
en eux , '& fouvent même à en fortir. En conféquence de cette idée , il
imagina que la vertu électrique pouvoit bien communiquer quelque mouvement à la feve des végétaux , &
même augmenter la tranfpiration infenfible des animaux. Il commença par
les expérience fuivantes, dont le réfultat le confirma dans fa fuppofition (c).

(a) Recherches , pag. 351.
(b) Ibid. pag. 354.
(c) Ibid. pag. 355.

Il électrisa pendant quatre ou cinq heures de suite des fruits, des plantes vertes & des éponges, trempées dans l'eau, qu'il avoit pesés soigneusement, & trouva après l'expérience que tous ces corps étoient considérablement plus légers que d'autres de la même espece, pesés de même qu'eux, tant avant qu'après l'expérience, & qu'on avoit tenus dans le même lieu & à la même température (a).

C'est dans la Grande-Bretagne qu'on a essayé pour la premiere fois d'électriser des végétaux sur pied. M. Mainbray, d'Edimbourg, électrisa deux myrthes pendant le mois d'Octobre 1746 ; après quoi ils pousserent de petites branches & des fleurs beaucoup plutôt que d'autres arbrisseaux de même espece, qui n'avoient point été electrisés. M. l'Abbé Nollet, entendant parler de cette expérience, se sentit encouragé à l'essayer lui-même (b).

Il prit deux pots de jardin, rem-

(a) Philos. Transf. Abridged, vol. 10, pag. 383.
(b) Recherches, pag. 356.

plis de la même terre & femés des mêmes graines. Il les tint conftam-ment dans le même lieu , & en prit les mêmes foins , excepté qu'il élec-trifa l'un des deux quinze jours de fuite, pendant deux ou trois & quel-quefois quatre heures chaque jour. Le pot électrifé montra conftamment des pouffes deux ou trois jours plu-tôt que l'autre. Il jetta auffi un plus grand nombre de tiges & plus longues dans un temps donné ; ce qui lui fit croire que la vertu électrique aidoit à ouvrir & développer les germes , & facilitoit par ce moyen l'accroiffe-ment des plantes. Cependant notre prudent Phyficien ne regarda tout cela que comme une conjecture qui méri-toit une confirmation plus ample. La faifon, dit-il, étoit alors trop avancée pour lui permettre de faire autant d'expériences qu'il l'auroit défiré ; mais il dit que les expériences qui fuivirent lui donnerent plus de certi-tude, & elles ne font pas moins inté-reffantes (a).

_____

(a) Recherches, pag. 358 , &c. Philof. Tranf. Abridged , vol. 10 , pag. 383.

Les mêmes expériences furent faites vers le même temps par M. Jallabert, M. Boze & M. l'Abbé Ménon, Principal du College de Beuil à Angers, qui tous en tirerent les mêmes conséquences (a).

M. l'Abbé Nollet choisit plusieurs paires d'animaux de diverses espéces, des chats, des pigeons, des pinçons, des moineaux, &c. Il les mit tous séparément, & les pesa. Il en électrisa un de chaque paire, cinq ou six heures de suite ; après quoi il les pesa de nouveau. Le chat électrisé fut communément de soixante-cinq ou soixante-dix grains plus léger que l'autre ; le pigeon de trente-cinq à trente-huit grains ; le pinçon ou le moineau de six ou sept grains. Pour n'avoir rien à rejetter sur la différence qui pouvoit provenir du tempérament des individus qu'il avoit choisi, il répéta les mêmes expériences en électrisant l'animal de chaque paire, qui n'avoit pas été électrisé la premiere fois, & malgré quelques petites va-

(a) Recherches, pag. 356.

riétés qui arriverent, l'animal électrifé fut conftamment proportionelle-
ment plus léger que l'autre (a).

Après ces expériences, il ne douta
plus que l'électricité n'augmentât la
tranfpiration infenfible des animaux ;
mais il ne fut pas certain fi cet accroiffement fe faifoit en raifon de leurs
maffes, ou en raifon de leurs furfaces. L'opinion de M. l'Abbé fut que
ce n'étoit, à proprement parler, ni
dans l'une ni dans l'autre, mais dans
un rapport beaucoup plus approchant
de la derniere ; il dit donc qu'on ne
devoit pas craindre qu'un homme
électrifé perdît près d'une cinquan-
tieme partie de fon poids, comme
cela étoit arrivé à un pinçon & à un
bruant ; ni la cent quarantieme
partie, comme an pigeon, &c.

Tout ce qu'il avoit obfervé fur ce
point, étoit qu'un jeune homme &
une jeune femme, de l'âge de vingt
à trente ans, ayant été électrifés pendant cinq heures de fuite, avoient
perdu plufieurs onces de leur poids,

_____

(a) Recherches, pag. 366.

plus qu'ils n'en auroient perdu en pareil temps , s'ils n'euffent pas été
électrifés (a).

M. l'Abbé obferve que les perfonnes qui fe laiffcrent électrifer de cette
maniere , n'en éprouverent aucune
efpece d'inconvénient. Elles fe trouverent feulement un peu épuifées , &
avoient gagné de l'appétit. Il ajoute
qu'aucune d'elles ne fe fentit plus
échauffée , & qu'on n'apperçut pas
que leurs pouls en fût accéléré (b).

Il obferve avec raifon que ces dernieres expériences fur le corps humain , font difficiles à fuivre avec
une certaine exactitude ; parce que
les habits, qu'on ne peut pas comparer ftrictement aux poils ni aux plumes des animaux , retiennent une
portion confidérable de la matiere de
la tranfpiration, & nous empêchent
de juger exactement de l'effet total de
la vertu électrique.

Il dit , que les expériences précédentes l'ont convaincu de la réalité

(a) Phil. Tranf. Abridged , vol. 10 ,
pag. 384. Recherches , pag. 387.
(b) Ibid. pag. 389.

de

de la matiere *effluente*, qui emporte
avec elle les parties qui peuvent tranf-
pirer des corps, & ce qui peut s'évaporer de leurs furfaces ; & il fut convaincu de la matiere *affluente*, en obfervant que tous ces effets arrivent,
lorfqu'au lieu d'électrifer les corps
eux-mêmes, on ne fait que les approcher d'un corps électrifé d'un certain volume. Il humecta une groffe
éponge dans de l'eau, après l'avoir
coupée en deux parties ; il les pefa
féparément, & plaça le tout auprès
d'un corps électrifé. Il trouva qu'a-
près cinq ou fix heures d'électrifation,
la partie de l'éponge qui étoit la plus
proche du corps électrifé, avoit perdu
plus de fa péfanteur que l'autre. Il
conclut de ce fait, que fi on préfentoit quelque partie d'un corps animé
à une grande fubftance électrifée, elle
tranfpireroit plus que les autres ; &
que l'on pourroit peut-être par ce
moyen réfoudre les obftructions qui
feroient formées dans fes vaiffeaux
excrétoires (a).

_____

(a) Phil. Tranf. Abridged, vol. 10,
pag. 385.

Les expériences de M. Nollet, qui viennent d'être rapportées, ne satisfirent point les Physiciens Anglois, & particuliérement M. Ellicot, qui fit des expériences pour réfuter la théorie que l'Auteur en avoit déduite. Il observa que le syphon, quoique électrisé, ne donneroit l'eau que goutte à goutte, si le bassin qui en recevoit l'eau, étoit électrisé aussi. Mais cela n'affoiblit pas la valeur des expériences curieuses de M. Nollet, au sujet de l'évaporation & de la transpiration. Car, quand un corps animé est électrisé, il y a toujours dans l'atmosphere assez de matiere non électrique, pour faire l'équivalent du bassin non électrisé, dans l'expérience du tube capillaire; & pour faire exhaler continuellement la matiere qui transpire par les pores de la peau. Dans toutes les disputes sur des objets de physique, on ne doit opposer que des faits à des faits. On ne peut pas douter de la candeur & de la véracité de M. l'Abbé Nollet; quoiqu'à dire vrai, dans ses derniers écrits, dans un temps où son systême favori souffroit des contradictions, il a donné dans quelques erreurs, par rapport aux faits, qui lui ont fait un peu de tort [36].

Pour rendre raifon de l'apparence de lumiere, qui paroît en certains cas fortir d'un corps non électrique qu'on préfente à un corps électrifé, & que M. Nollet juge être la matiere affluente, M. Ellicot fuppofe que c'eft la lumiere qui vient du corps électrifé. En expliquant la fufpenfion de la feuille d'or, entre une affiette électrifée & une autre qui ne l'eft pas, il eft néceffaire fuivant la théorie de M. Ellicot, de fuppofer [37] que la feuille d'or fera toujours fufpendue plus près de l'affiette non électrifée, que de celle qui l'eft : or M. Franklin a trouvé dans la fuite que ce fait n'eft pas vrai.

M. Ellicot dans fa réponfe à M.

☞ [36] On répete encore ici ce qu'on a dit plus haut, fans en donner plus de preuves. Ainfi, pour y répondre, nous renvoyons ci-deffus à la note 33.

☞ [37] Pourquoi eft-il néceffaire de fuppofer pareille chofe ? Il eft bien plus néceffaire, en pareil cas, de l'éprouver, & de voir, par expérience, ce qui en eft.

M ij

Nollet [38], tâche auſſi d'expliquer
pourquoi la matiere électrique ſortant d'un conducteur , dont l'extrémité eſt pointue , ſe fait appercevoir
plus ſenſiblement , que ſi cette extrémité étoit arrondie ou platte. Il dit
que les émanations qui ſortent avec
impétuoſité du globe pour ſe porter
au conducteur , ſe reſſerrent de plus
en plus en approchant de la pointe ,
& qu'ainſi elles y ſont plus denſes que
dans toute autre partie de la barre ;
par conſéquent , dit-il , ſi la lumiere
eſt occaſionnée par la denſité & par là
vîteſſe des émanations , elle ſera viſible à la pointe & ne le ſera nulle
autre part. Telle eſt , à ce que je
crois , la premiere tentative qu'on ait
faite pour expliquer ce phénomene ;
mais ce raiſonnement n'explique pas
pourquoi toute la vertu du conducteur ſe diſſipe en ſortant de ces
pointes. En effet , il ne faut pas s'é-
tonner que l'influence des pointes que

---

[38]. M. l'Abbé Nollet m'a dit que
cette réponſe de M. Ellicot n'étoit jamais venue à ſa connoiſſaace.

l'on ne connoît encore qu'imparfaitement aujourd'hui , ait donné lieu , il
y a bien des années à un problême
aussi difficile à se résoudre (a).

Maintenant on reconnoît par-tout
le mérite des expériences qu'à fait M.
l'Abbé Nollet , sur les corps animés
& autres corps organisés. Il a ouvert
un vaste champ à de nouvelles découvertes électriques , & il a suivi
celles qu'il a faites avec beaucoup de
soins & de persévérance , & même
à grands frais. Cette derniere circonstance peut bien avoir été cause qu'aucun Electricien n'a repris ni poursuivi
ces expériences depuis lui , quoiqu'il
paroît qu'on pourroit espérer de per-
fectionner beaucoup ce qu'il a commencé. Une bonne méthode que l'on
pourroit suivre dans tous les cas , seroit d'avoir une machine propre à
électriser continuellement , qui fût
mise en mouvement par le moyen de
l'eau ou du vent ; elle pourroit servir

(a) Phil. Transf. Abridged , vol. 10,
pag. 393.

M iij

pareillement à beaucoup d'autres expériences en Electricité. Cette maniere d'appliquer l'électricité, pourroit peut-être avoir plus d'utilité pour la Médecine , que toutes les autres façons dont elle a été administrée jusqu'à préfent.

PÉRIODE VIII.

SECTION V.

Histoire des tubes médicinaux &
des autres moyens de commu-
niquer les vertus médicinales
par l'Électricité , avec leurs
différentes réfutations.

Nous avons rencontré dans le cours
de cette histoire de fréquents exemples
d'erreur , faute d'avoir bien considéré
toutes les circonstances qui accompagnent les faits ; mais nous n'avons
encore rien vu qui égale ce qui a été
fait en 1747 & 1748. Les erreurs de
M. Grey vinrent principalement de
ce qu'il se trompa sur les causes des
phénomenes qu'il voyoit : mais dans
le cas présent , l'on ne peut guere
s'empêcher de penser, que non-seulement l'imagination & le jugement
des Physiciens doivent avoir été trom-

M iv

pés, mais encore tous leurs sens extérieurs. M. Pivati, qui eut tout le mérite de ces découvertes extraordinaires, assura à Venise, & après lui M. Verati à Boulogne, M. Bianchi à Turin, & M. Winkler à Leipsick, que si on renfermoit des substances odorantes dans des vases de verre, & qu'on électrisât ces vaisseaux, les odeurs & les autres vertus médicinales transpireroient au travers du verre, rempliroient l'atmosphere du conducteur, & communiqueroient leurs vertus à ceux qui y toucheroient ; pareillement que ces substances tenues dans la main des personnes électrisées leur transmettroient leurs vertus, de maniere qu'on pourroit faire opérer des remedes sans les prendre intérieurement. Ils prétendent même avoir opéré bien des cures par le moyen de l'électricité appliquée de cette maniere. Quelques-unes, des plus curieuses d'entre elles, méritent d'être rapportées pour l'amusement & l'instruction de la postérité.

M. Jean-François Pivati, dont on vient de parler, homme distingué dans Venise, dit dans une lettre en italien, imprimée à Venife, en 1747, avec toutes les permiffions ordinaires, que l'on vit un exemple manifefte de la vertu de l'électricité par le moyen du baume du Pérou, qui étoit fi bien renfermé dans un cylindre de verre, qu'avant fon électrifation, on ne pouvoit pas en fentir la moindre odeur. Un homme qui aiant une douleur dans le côté, y avoit appliqué de l'hyffope par le confeil d'un Médecin, s'approcha du cylindre ainfi préparé, & en fut électrifé. Quand il fut retourné chez lui & fe fut endormi, il eut une fueur, & la vertu du baume fe divifa tellement que jufqu'à fes habits, fon lit & fa chambre, tout fut imprégné de l'odeur. Quand il fe fut un peu rafraîchi par ce fommeil ; il fe peigna, & trouva que le baume avoit pénétré jufqu'à fes cheveux, au point que le peigne en étoit parfumé (a).

M. Pivati dit que le lendemain il électrifa de la même maniere un

(a) Philof. Tranf. Abridged, vol. 10, pag. 400.

M v

homme en santé , qui ne favoit rien de ce qui s'étoit fait auparavant. Etant allé dans une compagnie une demi-heure après , il fentit une chaleur qui fe répandoit peu-à-peu dans tout fon corps , & devint plus vif & plus gai que de coutume. Son compagnon fut furpris d'une odeur qu'il fentoit, fans pouvoir imaginer d'où elle venoit ; mais il s'apperçut bien lui-même que cette vapeur fortoit de fon corps ; ce qui l'étonna beaucoup auffi , n'ayant pas le moindre foupçon que cela dût être attribué à l'opération que M. Pivati avoit faite fur lui (a).

M. Winkler de Leipfick , frappé d'une relation fi extraordinaire , dit qu'il eut envie d'effayer le pouvoir de l'électricité de la même façon fur certaines fubftances ; & qu'il trouva le réfultat conforme à ce qu'on lui avoit rapporté (b).

Il mit un peu de foufre en poudre dans un globe de verre , fi bien bou-

(a) Philof. Tranf. Abridged , vol. 10, pag. 401.
(b) Ibid. pag. 401.

ché, qu'en le tournant sur le feu, on ne sentoit pas la moindre odeur de soufre. Quand le globe fut refroidi, il l'électrisa. Alors il en sortit sur le champ une vapeur sulfureuse, qui, en continuant l'électrisation, remplit l'air de maniere qu'on la sentit à plus de dix pieds de distance. Il fit venir un de ses amis fort au fait de l'électricité, le professeur Haubold, & plusieurs autres, pour être témoins & juges de ce fait ; mais bientôt l'odeur du soufre les obligea de sortir de la chambre. Il resta un peu plus long-temps lui-même dans cette atmosphere sulfureuse, & en fut tellement impregné, que son corps, ses habits & sa respiration en conserverent l'odeur jusqu'au lendemain. Aiant répété cette expérience devant une personne qui connoissoit les effets du soufre, on apperçut le troisieme jour dans sa bouche les marques d'un sang enflammé (a).

Ensuite il essaya l'effet d'une odeur

_____

(a) Phil. Transf. Abridged, vol. 10, pag. 401.

plus agréable , & remplit son globe
de canelle. Quand il l'eût échauffé
comme auparavant , la compagnie
s'apperçut bientôt de l'odeur de la canelle , toute la chambre en fut si bien
parfumée en très peu de temps, qu'elle prenoit au nez de tous ceux qui en-
troient ; & l'odeur en restoit encore le
lendemain.

Il essaya le baume du Pérou avec
un égal succès , & alors son ami déja
cité , dont il est charmé , dit-il , d'a-
voir le témoignage , ayant reçu la
vertu du baume , le sentoit si fortement , qu'étant allé souper en compagnie , on lui demanda plusieurs fois
quel parfum il avoit sur lui. Le lendemain , M. Winkler dit , qu'en prenant du thé , il lui trouva un goût
agréable & extraordinaire , venant
des vapeurs du baume , qu'il avoit
encore dans la bouche (a).

Peu de jours après , quand le globe
eut perdu toute l'odeur du baume ,
on fit passer une chaîne par la fenêtre

(a) Phil. Transf. Abridged , vol. 10,
pag. 401.

de la chambre , & on la tendit en plein air , jufques dans une autre chambre détachée de la premiere. Là on fufpendit cette chaîne fur des cordons de foie , & on la donna à tenir dans la main d'un homme qui étoit pofé auffi fur des cordons de foie tendus , & qui ne favoit rien de ce qu'on vouloit faire. Après avoir excité l'électricité quelque temps , on lui demanda s'il fentoit quelque chofe : alors tirant fa refpiration , il répondit que oui ; on lui demanda encore quelle odeur il fentoit , il répondit qu'il ne favoit pas. Quand on eut continué l'électrifation pendant un quart-d'heure , la chambre fut fi remplie de l'odeur , que l'homme qui ne connoiffoit point ce baume , dit qu'il avoit le nez rempli d'une odeur fuave , comme celle de quelque efpece de baume. Il coucha dans une maifon , fort éloignée de la chambre où l'expérience avoit été faite , & fe leva le matin fort gai , & trouva au thé un goût bien plus agréable qu'à l'ordinaire (a).

_____

(a) Phil. Tranf. Abridged , vol. 10, pag. 401.

Je ne rapporterai le détail que de deux exemples, de l'effet des remedes appliqués de cette maniere. M. Pivati, célebre inventeur de cette découverte en électricité, fut appellé au secours d'un jeune homme, misérablement affligé d'une quantité de matiere corrompue, qui s'étoit amassée à un de ses pieds & qui avoit bravé tout le savoir des Médecins. Le Sr Pivati remplit un cylindre de verre des médicaments convenables, & l'ayant électrisé, il tira des étincelles de la partie malade, & continua l'opération quelques minutes. Alors le malade se coucha, eut une bonne nuit, & sentit ses douleurs diminuées. Le matin en s'éveillant, il trouva sur son pied un petit tubercule rouge, qui lui causoit de la démangeaison, comme si une humeur froide s'étoit glissée à travers la partie intérieure de son pied. Il sua toutes les nuits pendant huit jours de suite ; & au bout de ce temps, il se porta parfaitement bien.

Après cela Mr Donadoni, Evêque de Sebenico, vint voir le sieur Pivati, accompagné de son Médecin & de

quelques amis. Cet Evêque étoit alors
agé de soixante & quinze ans , &
avoit été affligé plusieurs années de
douleurs très-vives aux pieds & aux
mains. La goutte avoit tellement affecté ses doigts , qu'il ne pouvoit plus
les remuer ; & ses jambes , qu'il ne
pouvoit plier les genoux. Dans cet
état déplorable , le pauvre vieil Evêque conjura le sieur Pivati d'essayer
sur lui les effets de l'électricité. L'E-
lectricien l'entreprit , & procéda de la
maniere suivante.

Il remplit un cylindre de verre de
drogues résolutives , & manœuvra si
bien , que la vertu électrique entra
dans le corps du malade , qui sur le
champ ressentit dans ses doigts certaines commotions extraordinaires.
Quand l'action de l'électricité eut été
continuée seulement deux minutes, le
malade ouvrit & ferma ses deux mains;
serra fortement un de ses gens ; se
leva, marcha, frappa ses deux mains
ensemble, prit lui-même une chaise,
s'assit, étonné de sa propre force , &
doutant presque s'il étoit bien éveillé.
A la fin, il sortit de la chambre , &
descendit les degrés sans l'aide de per-

fonne, & avec toute la légereté d'un jeune homme (a).

Différents faits de cette nature aiant été publiés, & paroiſſant bien atteſtés, encouragerent tous les Electriciens de l'Europe à répéter ces expériences; mais aucunes n'ont pu réuſſir. M. Baker qui a conſeillé d'eſſayer ces expériences, malgré le peu d'apparence de réuſſir, fait une excellente remarque qui mérite d'être rapportée ici. « Quelques abſurdes que ces cho-
» ſes puiſſent paroître, il ne faut pas
» les condamner abſolument ſans les
» avoir tentées. Il n'y a aucun de nous,
» je crois, qui ne ſe rappelle le temps,
» où les phénomenes d'électricité qui
» ſont à préſent les plus communs &
» les plus familiers, auroient été ju-
» gés mériter auſſi peu de créance,
» que ceux que nous examinons main-
» tenant, ſi les détails nous en euſſent
» été envoyés de Rome, de Veniſe ou
» de Bologne, & que nous ne les euſ-
» ſions jamais eſſayés nous-mêmes (b).

(a) Phil. Tranſ. Abridged, vol. 10, pag. 403.
(b) Ibid. pag. 409.

M. l'Abbé Nollet, qui s'intéressoit extrêment à tout ce qui avoit rapport à l'Electricité, & qui n'a épargné ni travaux ni dépenses pour chercher la vérité, passa une seconde fois les Alpes & voyagea en Italie, pour voir ces merveilles, & s'assurer par lui-même si elles étoient vraies ou fausses. Il visita tous les Physiciens qui avoient publié quelque relation de ces expériences. Mais quoiqu'il les ait pressé de répéter leurs expériences devant lui & sur lui-même; quoiqu'il se soit donné tous les soins possibles pour obtenir les meilleures informations à ce sujet, il s'en revint bien convaincu que le récit des cures avoit été considérablement exagéré; que l'on n'avoit trouvé dans aucun cas, que les odeurs eussent transpiré à travers les pores du globe électrisé; & que jamais aucunes drogues n'avoient communiqué leurs vertus à des personnes qui ne faisoient que les tenir à la main, tandis qu'on les électrisoit.

Il ne doutoit pas, cependant, que par la seule électrisation continuée, & sans drogues, plusieurs personnes n'eussent trouvé un soulagement con-

fidérable dans diverfes maladies ;
particuliérement qu'un paralytique
avoit été guéri à Geneve , & qu'un
homme fourd d'une oreille , un do-
meftique, qui avoit de violents maux
de tête , & une femme qui avoit une
maladie fur les yeux , avoient été
guéris à Bologne (a).

Les Phyficiens Anglois n'ont pas
donné moins d'attention à ce fujet
que M. l'Abbé Nollet. La Société
royale avoit reçu de M. Winkler un
détail de fes expériences , pour prouver la tranffudation de la matiere odo-
rante à travers les pores du verre électrifé ; mais aucunes d'elles n'ayant
réuffi ici , on chargea le Secrétaire d'é-
crire à M. Winkler au nom de la Société , pour le prier de lui envoyer ,
non-feulement un détail circonftancié
de fa maniere d'opérer , mais encore
quelques globes & des tubes ajuftés
exprès par lui-même.

M. Winkler envoya fur le champ
ces vaiffeaux & les inftructions né-

_____

(a) Phil. Tranf. Abridged , vol. 10 ,
pag. 413.

ceſſaires pour en faire uſage. On fit les
expériences avec toutes les précau-
tiôns poſſibles, le 12 de Juin 1751,
chez le docteur Watſon, l'homme du
royaume le plus actif & le plus empreſſé pour tout ce qui concerne l'é-
lectricité. Elles furent faites en préſence de MM. Martin Folkes, Préſi-
ſident de la Société royale, Nicolas
Mann, Ecuyer vice - Préſident, le
docteur Mortimer & Pierre Daval,
Ecuyer Secrétaires, M. Canton, membre, & M. Shroder, homme de diſ-
tinction, fort connu & correſpon-
dant de M. Winkler. Mais malgré
toutes les peines que prirent ces Meſſieurs, en ſuivant avec 'a plus grande
exactitude les inſtructions de M. Winkler, & même en ſe ſervant de méthodes particulieres qu'ils crurent plus
capables de forcer les émanations à
ſortir à travers des verres, ils ne purent pas réuſſir; ni vérifier les expériences de M. Winkler, pas même
une ſeule fois (a).

_____

(a) Phil. Tranſ. Abridged, vol. 47,
pag. 231.

Mais la réfutation la plus satisfaisante peut-être, tant de la prétendue transsudation des odeurs, que des effets médicinaux de l'électricité dont nous avons parlé, fut faite à Venise, le lieu même où cette électricité médicinale avoit pris naissance. Le docteur Bianchini, professeur de Médecine, exécuta les expériences devant un grand nombre de témoins, dont beaucoup étoient prévenus en faveur des prétendues découvertes ; mais ils furent tous malgré eux convaincus de leur futilité par l'évidence des faits ; & par les expériences faites avec beaucoup de soins & l'exactitude la plus grande (a).

Ces détails aiant été publiés & bien attestés, toute personne sans préjugé fut convaincue que les prétendues découvertes d'Italie & de Leipsick qui avoient excité l'attente de tous les Electriciens de l'Europe, n'avoient aucun fondement réel ; & qu'on n'avoit point encore découvert une mé-

---

(b) Philos. Transact. Abridged. vol. 48, pag. 399.

thode par laquelle la vertu d'un re-
mede pût s'infinuer dans le corps humain par le moyen de l'électricité (a).
Le Docteur Franklin fit connoître
auffi par plufieurs expériences, l'im-
poffibilité qu'il y a de mêler les émanations ou la vertu des remedes avec
le fluide électrique. (b).

M. Boze, Profeffeur à Wittemberg, a fait une expérience affez femblable, à certains égards, à celles des
tubes médicinaux ; [on appelloit ainfi
celles dont on vient de parler] ; il
nomma la fienne la *Béatification*, &
elle occupa long - temps les autres
Electriciens à la répéter après lui,
mais inutilement. Voici la defcription
qu'il donna de cette fameufe expérience : Si on fe fert de gros globes
pour électrifer, & que la perfonne
électrifée foit montée fur de grands
gâteaux de poix, il s'élévera peu-à-
peu de la poix une flamme fuperfi-
cielle, qui s'étendra autour de fes

(a) Phil. Tranf. Abridged, vol. 48,
pag. 406.
(b) Franklin's, Letters, pag. 82,

pieds ; de-là elle montera à fes genoux & à fon corps, jufqu'à ce qu'enfin elle parvienne à la tête : alors fi
on continue d'électrifer. la perfonne
aura la tête entourée d'une gloire,
à-peu-près femblable à celle que re-
préfentent les Peintres autour de la
tête des Saints (*a*).

Cette expérience , de même que
celles des tubes médicinaux, engagea
tous les Electriciens de l'Europe à travailler, & leur fit faire beaucoup de
dépenfe : mais aucun d'eux ne réuffit , ni ne put parvenir à rien produire
qui reffemblât au phénomene décrit
par M. Boze. Perfonne ne fe donna
plus de peine pour cela que le Docteur Watfon ; il effaya plufieurs fois
l'opération fur lui-même , foutenu
fur des corps électriques folides de
trois pieds de haut. Après avoir été
électrifé fortement , il éprouva , dit-
il , ainfi que plufieurs autres perfonnes , un tintement fur la peau de la
tête & dans plufieurs parties de fon

_____

(*a*) Philof. Tranf. Abridged , vol. 10,
pag. 411.

corps , ou une fenfation pareille à celle que feroit éprouver un grand nombre d'infectes rampant fur lui en même-temps : & cette fenfation fut conftamment plus forte aux endroits qui étoient les plus proches de quelque corps non électrique ; mais il ne parut point de lumiere fur fa tête , quoiqu'on eût fait plufieurs fois l'expérience dans l'obfcurité , & qu'on l'eût continuée quelque temps (a).

À la fin le Docteur las de ces tentatives , écrivit au Profeffeur , & fa réponfe fit voir que le tout n'avoit été qu'un jeu. Il avoua ingénuement qu'il s'étoit fervi d'un cafque garni de cloux d'acier , les uns pointus , d'autres faits comme des coins , & d'autres en pyramides ; & que quand l'électrifation étoit forte , les bordures du cafque lançoient des rayons , qui reffembloient un peu à ceux que l'on peint fur la tête des Saints. Voilà à quoi fe réduifoit cette béatification tant vantée (b).

(a) Philof. Tranfact. Abridged, vol. 10, pag. 411.

(b) Ibid. pag. 413.

Le même M. Boze, qui paroît avoir affecté toujours des mysteres & du merveilleux dans ses expériences, dit dans une Lettre adressée à la Société royale de Londres, qu'il a été en état par le secours de l'électricité seule, de changer les pôles d'un aimant naturel, de détruire sa vertu, & de la lui rendre ensuite. Mais il ne décrit point sa méthode (*a*). Comme personne, en Angleterre, n'a pu réussir dans cette tentative, & que nous ne pouvons le faire même à présent, il n'est gueres probable qu'il l'ait fait.

Le Docteur Hales paroît s'être un peu trompé dans une expérience qu'il a communiquée cette année à la Société royale, quand il dit avoir remarqué que l'étincelle électrique sortant d'un fer chaud, est d'une couleur claire & brillante; que celle du cuivre chaud, est verte; & celle d'un œuf chaud, est jaunâtre. Ces expériences, dit-il, semblent prouver qu'il y a quelques particules de ces différents corps emportées dans les éclats de lu-

(*a*) Wilson's, essai, pag. 219.

miéres

mieres électriques , & qui donnent ces différentes couleurs (a).

Je terminerai cette Section , qu'on pourroit à juste titre appeller la *Merveilleuse* , en rapportant l'effet surprenant d'une étincelle électrique, qui mit le feu à un froc de futaine , sur le corps d'un enfant de M. Robert Roche , lorsqu'on l'électrisa pour quelque maladie. Je n'éleve aucun doute sur la vérité du fait ; car on répéta l'expérience , & elle réussit aussi-bien que la premiere fois. Le Mémoire qui en contient le détail fut lu à la Société royale , le 29 Mai 1748 (b).

(a) Philof. Transact. Abridged , vol. 10, pag. 406.
(b) Ibidem.

PÉRIODE IX.

Expériences & découvertes du Docteur Franklin.

SECTION I.

Découvertes du Docteur Franklin concernant la bouteille de Leyde, & autres qui y ont rapport.

Nous avons vu jusqu'ici ce qui a été fait sur l'Electricité par les Physiciens de l'Europe jusques vers l'année 1750. Nous allons maintenant donner toute notre attention à ce qui se faisoit pendant ce temps-là en Amérique, où le Docteur Franklin & ses amis furent aussi assidus que les Européens à faire des expériences, & aussi heureux en découvertes. Pour cet effet, il nous faut retourner de quelques années en arriere. Comme les découvertes du Docteur Franklin furent abſolument indépendantes de toutes celles d'Europe , je n'ai pas voulu interrompre le récit de celles-ci , pour placer celles - là dans leur véritable lieu. Par la même raiſon , j'imagine qu'on verra avec plus de plaiſir d'un coup d'œil , ce qui fut fait en Amérique pendant un eſpace de temps conſidérable , ſans en interrompre le récit , pour raconter ce que l'on faiſoit dans le même temps en Europe. C'eſt pourquoi je me propoſe d'analyſer , du mieux qu'il me ſera poſſible , les trois premieres productions de M. Franklin , intitulées : *New Experiments and Obſervations on Electricity , made at Philadelphia in America* , qui furent communiquées dans pluſieurs Lettres à Pierre Collinſon , Écuyer , Membre de la Société royale de Londres , dont la premiere eſt du 28 Juillet 1747 , & la derniere du 18 Avril 1754.

On n'a jamais rien écrit ſur l'Electricité qui ait eu plus de lecteurs & d'admirateurs que ces Lettres , dans toutes les parties de l'Europe. Il n'y a preſque point de Langue en Europe , dans laquelle on ne les ait traduites ;

& comme fi ce n'étoit pas encore affez
pour les faire bien connoître, on en
a fait depuis peu une traduction en
Latin. Il eft difficile de dire lequel
fait le plus de plaifir, ou la fimplicité
& la clarté avec lefquelles ces Lettres
font écrites, où la modeftie avec laquelle l'Auteur y propofe toutes fes
hypothefes, ou la noble franchife,
avec laquelle il avoue fes erreurs
quand elles font prouvées par de nouvelles expériences.

Quoique les Anglois n'ayent pas
été les derniers à reconnoître le mérite fupérieur de ce Phyficien, il a
eu le bonheur fingulier d'être encore
plus célebre chez les Etrangers que
dans fa Patrie : deforte que, pour fe
former une jufte idée de la réputation
bien méritée du Docteur Franklin, il
faut lire les Ouvrages que les Etrangers ont écrits fur l'Electricité ; on
rencontre dans la plupart les termes
de *Franklinifme*, *Franklinifte*, & *fyf-
téme de Franklin*, prefque à chaque
page. En conféqnence, les principes
du Docteur Franklin paﬂeront à la
poftérité pour contenir les véritables
principes de l'Electricité , comme la

Philofophie de Newton contient le vrai fyftême de la Nature [39].

Le zele des amis du Docteur Franklin & fa réputation augmenterent confidérablement, par les objections que M. l'Abbé Nollet fit contre fa théorie. Cependant M l'Abbé n'a jamais eu dans cette difpute des partifans confidérables ; & ceux qui le fecondoient, à ce que j'ai appris, l'ont tous abandonné [40].

☞ [39] Il ne faut auffi que lire ces mêmes ouvrages, pour voir que lorfqu'on parle des *Frankliniftes*, du *Franklinifme*, & du *fyftême de Franklin*, ce n'eft pas toujours pour en faire l'éloge.

☞ [40] Ce n'eft pas le nombre des partifans d'une opinion qui en détermine la valeur. La vérité n'eft pas toujours du côté du grand nombre. D'ailleurs, dans les difputes de ce genre, ce font les faits qui décident : & lorfqu'on veut combattre un fyftême, il faut de deux chofes l'une, ou détruire les faits fur lefquels il eft appuyé, ou les expliquer par une meilleure méthode. Or, c'eft ce que n'ont jamais fait les contradicteurs de M. l'Abbé Nollet. Les faits qui prouvent fes *effluences* & *affluences fimultanées*, font fi nombreux & fi bien établis, qu'il n'eft pas poffible de fe refufer à leur évidence, à moins que d'être prévenu en faveur d'une opinion qu'elles détrui-

Ce qui fit d'abord la réputation du Docteur Franklin, en France, fut une mauvaise traduction de ses Lettres qui tomba entre les mains de M. de Buffon, Intendant du Jardin du Roi, & Auteur de l'Histoire Naturelle, qui l'a rendu célebre. Ce Savant ayant répété avec succès les expériences du Docteur Franklin, engagea un de ses amis [M. Dalibard] à revoir cette traduction, qui fut publiée ensuite, avec une Histoire abrégée de l'Electricité à la tête, & fut reçue favorablement de tout le monde. Une circonstance qui ne contribua pas peu au succès de cette publication, & à donner la vogue en France aux principes du Docteur Franklin, fut qu'un des amis de M. Dalibard fit voir les expériences du Docteur Franklin pour de l'argent. Tout le monde courut, pour ainsi dire, en foule pour aller voir ces nouvelles expériences, & tous revenoient remplis d'admiration pour leur inventeur (a).

(a) Nollet, Lettres, part. 1, pag. 62. sent. Tous ceux qui sont ainsi prévenus, ont toujours éludé la difficulté, en n'y répondant pas.

Le Docteur Franklin avoit découvert aussi bien que le Docteur Watson, que la matiere électrique ne se produisoit pas , mais que le frottement ne faisoit que la recueillir des corps non électriques voisins. Il avoit observé qu'il étoit impossible à un homme de s'électrifer lui-même, quoiqu'il fût monté sur du verre ou de la cire , & que le tube ne pouvoit lui communiquer plus d'électricité , qu'il n'en avoit reçu de lui dans le temps du frottement. Il avoit observé, que si deux personnes étoient isolées , que l'une frottât le tube & l'autre en tirât une étincelle , toutes les deux paroîtroient électrifées : que si elles se touchoient l'une l'autre après cette opération , on appercevroit entre elles une étincelle plus forte , que si toute autre personne touchoit l'une des deux : & qu'une telle étincelle détruiroit l'électricité des deux (a).

Ces expériences firent penser au Docteur que le fluide électrique étoit conduit de celui qui frottoit le tube ,

_____

(a) Franklin's , Letters , pag. 14.

N iv

à celui qui le touchoit ; ce qui intro-
duifit en électricité quelques termes
dont on ne s'étoit point encore fervi ,
mais qui ont toujours été en ufage
depuis. Le Docteur Franklin , fuppofant que celui qui touche le tube reçoit une nouvelle quantité de feu
électrique , dit qu'il eft électrifé *pofi-*
tivement , ou *en plus* ; au lieu que celui
qui frote le tube , eft dit électrifé
negativement , ou *en moins* , étant fuppofé perdre une partie de fa dofe naturelle du fluide électrique (a).

Cette obfervation étoit néceffaire
pour expliquer la découverte importante que fit le Docteur Franklin par
rapport à la façon dont fe charge la
bouteille de Leyde ; favoir , que
quand un des côtés du verre eft électrifé pofitivement ou en plus , l'autre
côté l'eft négativement ou en moins ,
de forte que , quelque quantité de
matiere électrique que reçoive un
côté du verre , la même quantité eft
ôtée de l'autre ; & qu'il n'y a pas
réellement plus de feu électrique dans

(a) Franklin's, Letters, pag. 15.

la bouteille, quand elle eſt chargée, qu'il n'y en avoit auparavant ; tout ce qu'on peut faire en chargeant étant de tirer d'un côté & porter de l'autre. Le Docteur Franklin obſerva auſſi, que le verre étoit impénétrable à l'électricité, & qu'ainſi l'équilibre ne pouvant être rétabli dans la bouteille chargée, par aucune communication intérieure ; il faut que cela ſe faſſe extérieurement par des conducteurs, qui joignent l'intérieur à l'extérieur (a) [41].

Il fit ces importantes découvertes en obſervant que quand une bouteille étoit chargée, une boule de liege ſuſpendue avec de la ſoie étoit attirée par l'enveloppe extérieure, tandis qu'elle étoit repouſſée par le fil de fer communiquant avec l'intérieur ; & qu'elle étoit repouſſée par l'extérieur,

---

(a) Franklin's, Letters, pag. 3.

☞ [41] Voyez ci-deſſus la Note 31 : vous y trouverez qu'il n'eſt point néceſſaire qu'il y ait des conducteurs qui joignent extérieurement les deux ſurfaces ; puiſque le même effet a lieu avec un vaſe de verre ſcellé hermétiquement.

N v

tandis qu'elle étoit attirée par l'intérieur (*a*). Mais la vérité de cette
maxime parut encore plus évidente,
lorsqu'il approcha le fil de fer communiquant avec l'enveloppe extérieure, à quelques pouces du fil de fer
communiquant avec l'enveloppe intérieure, & qu'il suspendit une balle
de liege entre les deux ; car alors la
balle fut attirée par l'un & par l'autre alternativement, jusqu'à ce que
la bouteille fût déchargée (*b*).

Les Electriciens d'Europe avoient
observé qu'on ne pouvoit pas charger
la bouteille, à moins que quelque
conducteur ne la touchât en dehors
[42] ; mais le Docteur Franklin fit
l'observation plus générale, & fut en
état d'en donner une meilleure explication par le principe ci-dessus. Comme on ne peut plus, dit-il, faire passer de feu électrique dans l'intérieur

_____

(*a*) Franklin's, Letters, pag. 4.
(*b*) Ibid. pag. 5.

☞ [42] Il faut dire aussi qu'il y a des
Electriciens d'Europe qui ont observé le contraire. Voyez ci-dessus, Note 25.

de la bouteille, quand tout en eſt chaſſé du dehors; ainſi dans une bouteille qui n'eſt pas encore chargée, on ne peut pas en faire paſſer dans l'intérieur, quand on n'en peut pas ôter de l'extérieur. Il fit voir auſſi par une belle expérience, que quand la bouteille étoit chargée, un côté perdoit exactement ce que l'autre gagnoit, en rétabliſſant l'équilibre. Ayant ſuſpendu un petit fil de lin près de l'enveloppe d'une bouteille chargée, il obſerva que chaque fois qu'il approchoit ſon doigt du fil d'archal, le fil de lin étoit attiré par l'enveloppe : car autant qu'il tiroit de feu de l'intérieur en touchant lé fil de fer, autant l'extérieur en recevoit par le moyen du fil de lin (a).

Il prouva qu'en déchargeant la bouteille, ce qu'elle donnoit d'un côté étoit exactement égal à ce qu'elle recevoit de l'autre ; en iſolant un homme & déchargeant la bouteille à travers ſon corps, il obſerva qu'après la décharge il ne reſta plus d'é-

---

(a) Franklin's, Letters, pag. 5.

N vj

lectricité dans cet homme (*a*). Il suf-
pendit auffi des boules de liege fur
un conducteur ifolé, dans le temps
qu'il déchargea la bouteille qui y pendoit ; & il obferva que fi elles ne fe
repouffoient pas avant l'explofion,
elles ne fe repouffoient pas non plus
dans le temps même, ni après (*b*) :
mais l'expérience qui prouva le plus
conftamment que l'enveloppe d'un
côté recevoit précifément autant que
l'autre perdoit dans la décharge, fut
celle qu'on va voir.

Il ifola le frottoir ; enfuite fufpendant une bouteille à fon conducteur,
il trouva qu'il ne lui étoit pas poffible
de la charger, même quoiqu'il y tînt
conftamment la main ; parce que
quoique le feu électrique pût fortir
de la bouteille, il n'y en avoit point
de raffemblé par le frottoir pour être
conduit dans l'intérieur. Il ôta donc
fa main de deffous la bouteille, &
formant une communication par le
moyen d'un fil de fer, depuis l'enve-

(*a*) Franklin's, Letters, pag. 8.
(*b*) Ibid. pag. 84.

loppe extérieure jufqu'au frottoir ifolé; il trouva alors qu'il la chargeoit
avec facilité. Dans ce cas il fut très-
clair, que le même feu qui quitta
l'enveloppe extérieure fut porté par
le moyen du frottoir, du globe, du
conducteur & du fil de fer de la bouteille jufques dans l'intérieur (a).

. La nouvelle théorie du Docteur
Franklin fur la maniere de charger la
bouteille de Leyde, le conduifit à
obferver une plus grande variété de
faits que les autres Phyficiens n'en
avoient remarqué relativement à fa
charge & à fa décharge. Il trouva que
la bouteille étoit aufli fortement électrifée, en la tenant par le crochet &
appliquant l'enveloppe au globe ou
au tube, que quand on la tenoit par
l'enveloppe & qu'on y appliquât le
crochet; & par conféquent qu'il y
auroit la même explofion & la même
commotion, fi on tenoit la bouteille
électrique d'une main par le crochet
& qu'on touchât l'enveloppe de l'autre, que quand on la tient par l'enve-

(a) Franklin's, Letters, pag. 83.

loppe & qu'on touche au crochet.
Pour prendre en sûreté par le crochet
la bouteille chargée & ne point dimi-
nüer sa force, il obferve qu'il faut
ête ifolé (a).

Le Docteur Franklin obferve que
fi un homme, tenant dans fes mains
deux bouteilles, l'une bien électrifée
& l'autre qui ne l'eft point du tout,
s'avife de joindre enfemble leurs crochets, il ne recevra que la moitié du
coup ; car les bouteilles refteront à
demi électrifées feulement, l'une étant
à moitié chargée & l'autre à demi
déchargée (b).

Si deux bouteilles font chargées,
toutes les deux par leurs crochets, une
balle de liege fufpendue par de la foie
& pendant entre elles fera d'abord
attirée, & enfuite repouffée par toutes les deux. Mais fi elles font électrifées, l'une par le crochet & l'autre
par l'enveloppe, alors la balle jouera
vigoureufement entr'elles, jufqu'à ce
qu'elles foient à-peu-près déchar-

_____

(a) Franklin's, Letters, pag. 19.
(c) Ibid. pag. 21.

gées (*a*). Le Docteur ne remarqua pas alors, que si les bouteilles étoient chargées toutes les deux par leurs enveloppes [au moyen de quoi les deux crochets feroient électrifés en moins], la balle feroit repouffée par toutes les deux, comme quand elles font électifées en plus. Et lorfque par la fuite, il obferva que deux corps électrifés en moins fe repouffoient l'un l'autre, il fut furpris de cet effet, & reconnut qu'il ne pouvoit pas en donner une explication fatisfaifante (*b*).

Tous les Electriciens favoient qu'un globe ou un tube humecté en dedans, ne fournit que peu ou point du tout d'électricité; mais on n'en avoit point apporté de bonnes raifons, avant que M. Franklin effayât de l'expliquer au moyen de fa maxime générale. Il dit, que quand on frotte un tube garni en dedans d'un corps non électrique quelconque, ce qui fe raffemble de la main par le frottement en en-bas, entre dans les pores du

(*a*) Franklin's, Letters, pag. 21
(*b*) Ibid. pag. 34.

verre, & en chasse une égale quantité de la surface intérieure, dans le
corps non électrique ; & que la main
en remontant reprend ce qu'elle avoit
donné à la surface extérieure, la surface intérieure reprenant aussi en même-temps ce qu'elle avoit donné au
corps non électrique ; de sorte, que
les particules du fluide électrique en-
trent & sortent de leurs pores, à
chaque frottement que l'on fait au
tube (a).

Si dans ces circonstances on mettoit
un fil de fer dans le tube, il observa
que, pourvu que quelqu'un touche
le fil de fer, tandis qu'un autre frotte
le tube, & prenne soin de retirer son
doigt aussi-tôt qu'il aura reçu l'étincelle qui partira de l'intérieur, il sera
électrisé (b).

Il observe que quand le tube est
vuide d'air, on n'a pas besoin d'a-
voir un corps non électrique qui touche au fil de fer ; parce que dans le
vuide, le feu électrique s'échappe

(a) Franklin's, Letters, pag. 76.
(b) Ibid. pag. 77.

librement de la furface intérieure fans qu'il foit befoin d'un conducteur non électrique (a).

Cette maxime que tout ce qu'une bouteille reçoit à une furface, elle le perd à l'autre, engagea le Docteur Franklin à charger plufieurs bouteil- les enfemble, avec le même foin, en faifant communiquer l'extérieur de l'une avec l'intérieur de l'autre ; au moyen de quoi le fluide que perdra la premiere fera reçu par la feconde, & ce que perdra la feconde fera reçu par la troifieme, &c. Il trouva que de cette maniere on pouvoit charger un grand nombre de bouteilles avec le même appareil qui feroit néceffaire pour une feule ; & qu'on pourroit les charger à un auffi haut degré ; fi ce n'eft que chaque bouteille reçoit le nouveau feu, & perd fon ancien avec quelque peine, ou plutôt oppofe quelque réfiftance à la charge. Il dit que dans une fuite de bouteilles, cette réfiftance devient plus égale à la puiffance qui charge, & ainfi repouffe

(a) Franklin's, Letters, pag. 77.

le feu en arriere fur le globe , plutôt que ne feroit une feule bouteille (a).

Sur ce principe , le Docteur Franklin conftrufit une *batterie électrique* , confiftant en onze carreaux de verre , garnis de chaque côté de feuilles de métal , & tellement réunis qu'en en chargeant un , on les chargeât tous. Puis ayant trouvé un moyen de mettre tous les côtés donnants en contact avec un fil de fer , & tous les côtés recevants avec un autre , il réunit toutes leurs forces , & les déchargea tous à la fois (b).

Quand le Docteur Franklin commença fes expériences fur la bouteille de Leyde , il s'imaginoit que le feu électrique étoit tout concentré dans la fubftance du corps non électrique qui étoit en contact avec le verre; mais il trouva dans la fuite que le pouvoir de donner la commotion étoit dans le verre même , & non pas dans l'enveloppe ; & ce qui le lui fit appercevoir , fut l'analyfe curieufe

---

(a) Franklin's , Letters , pag. 12.
(b) Ibid. pag. 26.

qu'il fit de la bouteille, de la maniere suivante.

Pour favoir où réfidoit la force de la bouteille chargée, il la plaça fur du verrè; enfuite il en ôta d'abord le liege & le fil de fer; & trouvant que la vertu ne réfidoit pas en eux, il toucha d'une main l'enveloppe extérieure, & mit un doigt de l'autre dans le goulot de la bouteille : alors il fentit la commotion tout auffi fortement que fi le liege & le fil de fer y euffent encore été. Enfuite il rechargea la bouteille, & renverfant l'eau dans une autre bouteille vuide ifolée, il s'attendoit que fi la force réfidoit dans l'eau, elle donneroit la commotion ; mais il trouva qu'elle n'en donnoit point [43]. Il jugea alors que le

[43] Il eft certain que la vertu électrique de la bouteille de Leyde réfide dans le verre; comme l'obferve M. Franklin. Mais il n'eft pas moins certain que cette même vertu réfide auffi dans l'eau, comme l'ont obfervé plufieurs Electriciens, & comme cela a été prouvé en préfence des Commiffaires nommés par l'Académie, & dont j'ai parlé ci-deffus, Note 27. Voyez les *Lettres fur l'Electricité*, par M. l'Abbé Nollet, *part.* 1, *pag.* 237. on y lit ce

feu électrique devoit ou s'être perdu en transvasant l'eau, ou être resté dans la bouteille : il y étoit resté en effet ; car remplissant de nouvelle eau

---

qui suit : » On électrisa de l'eau dans une » bouteille, comme pour faire l'expérience de » Leyde ; on transvasa cette eau dans une au- » tre bouteille qui n'avoit point été électrisée ; » & cette nouvelle bouteille se trouva électri- » que, au point de faire sentir une commotion » à la personne qui, la tenant d'une main, » voulut tirer avec l'autre une étincelle du fil » de fer qu'on y avoit plongé.« Cette expérience est précisément la même que celle que l'on rap- porte ici de M. Franklin ; & cependant son ré- sultat est directement opposé à celui que dit avoir eu M. Franklin. D'où vient cela ? Le voici. L'expérience de M. l'Abbé Nollet prouve évidemment que la vertu électrique réside aussi dans l'eau : & si M. Franklin ne l'a pas trouvé ainsi, c'est que l'électricité de son eau étoit trop foible, ou qu'il lui a fait perdre, en la transvasant d'une bouteille dans l'autre. On peut dire la même chose de l'expérience sui- vante des carreaux de verre. On fait perdre l'électricité de l'enveloppe en la transposant. Un fait observé par quelqu'un, ne doit pas être regardé comme faux, parce qu'un autre n'a pas eu l'adresse de se le procurer ; sur-tout, lorsque ce fait a été observé, comme celui- ci, en présence de témoins capables d'en juger.

la bouteille chargée, elle donna la commotion; & il fut par-là convaincu que le pouvoir de la donner résidoit dans le verre même (*a*).

Le Docteur fit la même expérience avec des carreaux de verre, en posant l'enveloppe légerement, & la changeant, comme il avoit auparavant changé l'eau de la bouteille : le résultat fut le même dans les deux cas (*b*).

Cette vérité, que le feu électrique résidoit dans le verre devient encore plus évidente, en considérant que quand le verre est doré, la décharge fait un trou rond à la dorure, en en déchirant une partie; ce qui, au sentiment du Docteur, ne peut être fait que par la sortie du feu hors du verre à travers la dorure. Il dit aussi qu'ayant verni la dorure même avec de la térébenthine, ce vernis, quoique sec & dur, fut brûlé par l'étincelle qui passa au travers, & donna une odeur

---

(*a*) Franklin's, Letters, pag. 24.
(*b*) Ibid. pap. 25.

forte & une fumée vifible : & que lorfqu'on tira l'étincelle à travers du papier, il fut noirci par la fumée, qui pénétroit quelquefois plufieurs feuilles; & qu'on trouva une partie de la dorure qui avoit été déchirée dans le trou que l'étincelle avoit fait au papier. Il obferva encore que quand une bouteille mince fe caffoit, en fe chargeant, le verre étoit brifé en dedans, & la dorure en dehors (a)[44].

Enfin, le Docteur Franklin découvrit que plufieurs fubftances, qui en général tranfmettoient l'électricité, ne tranfmettoient pas la commotion d'une bouteille chargée. Une ficelle mouillée, par exemple, qui tranfmet fort bien l'électricité, a quelquefois manqué de tranfmettre la commotion. La même chofe arrive auffi à un morceau de glace. La terre feche,

---

(a) Franklin's, Letters, pag. 32.

☞ [44] Ceci prouve clairement, en faveur de M. l'Abbé Nollet, qu'il y a deux courants fimultanées de matiere électrique, qui ont des directions contraires.

trop enfoncée dans un tube de verre, manqua entiérement de tranſmettre la commotion ; à la vérité, elle ne tranſmettoit l'électricité que fort im- parfaitement (*a*).

(*a*) Franklin's, Letters, pag. 33.

PÉRIODE IX.

SECTION II.

Découvertes du Docteur Frank-
lin, au sujet de la ressemblance
du Tonnerre & de l'Electricité.

LA plus grande des découvertes que
le Docteur Franklin ait faites concernant l'Electricité, & la plus utile au
genre humain dans la pratique, est
celle de la ressemblance parfaite entre le tonnerre & l'électricité. L'analogie entre ces deux puissances n'a-
voit pas été tout-à-fait ignorée des
Physiciens, & principalement des
Electriciens, avant la publication de
la découverte du Docteur Franklin.
Elle étoit si sensible que plusieurs personnes en avoient été frappées : je
n'en rapporterai qu'un seul exemple
dans l'ingénieux & pénétrant Abbé
Nollet.

Il dit dans ses Leçons de Physique, *tom.* 4, *pag.* 314. » Si quelqu'un en-
» treprenoit de prouver , par une
» comparaison bien suivie des phéno-
» menes , que le tonnerre est entre
» les mains de la Nature , ce que l'é-
» lectricité est entre les nôtres ; que
» ces merveilles , dont nous dispo-
» sons maintenant à notre gré , sont
» de petites imitations de ces grands
» effets qui nous effrayent , & que
» tout dépend du même méchanisme ;
» si l'on faisoit voir qu'une nuée ,
» préparée par l'action des vents , par
» la chaleur , par le mélange des
» exhalaisons , &c. est vis-à-vis d'un
» objet terrestre , ce qu'est le corps
» électrisé en présence & à une cer-
» taine proximité de celui qui ne l'est
» pas : j'avoue que cette idée , si elle
» étoit bien soutenue , me plairoit
» beaucoup : & pour la soutenir ,
» combien de raisons spécieuses ne se
» présentent pas à un homme qui est
» au fait de l'Électricité ? L'universa-
» lité de la matiere électrique , la
» promptitude de son action , son in-
» flammabilité & son activité à en-
» flammer d'autres matieres ; la pro-

Tom. I. O

» priété qu'elle a de frapper les corps
» extérieurement & intérieurement
» jufque dans leurs moindres parties ;
» l'exemple fingulier que nous avons
» de cet effet dans l'expérience de
» Leyde , l'idée qu'on peut légitime-
» ment s'en faire en fuppofant un plus
» grand dégré de vertu électrique,&c.
» Tous ces points d'analogie , que je
» médite depuis quelque temps , com-
» mencent à me faire croire qu'on
» pourroit , en prenant l'électricité
» pour modele , fe former, touchant
» le tonnerre & les éclairs , des idées
» plus faines & plus vraifemblables
» que ce qu'on a imaginé jufqu'à pré-
» fent. «

Mais quoique M. l'Abbé Nollet &
d'autres fe fuffent apperçus de l'analogie qu'il y a entre le tonnerre &
l'électricité , ils n'allerent pas plus
loin. Ce fut le Docteur Franklin qui
propofa le premier une méthode de
vérifier cette hypothefe , concevant
la penfée hardie, comme dit M. l'Abbé Nollet , de foutirer le feu du tonnerre , imaginant que des baguettes
de fer pointues, dreffées en l'air, quand
l'atmofphere eft chargée d'orage,pour-

ſoient en attirer la matiere du tonnerre, & la décharger ſans bruit ou
ſans danger dans le corps immenſe de
la terre, où elle reſteroit pour ainſi
dire abſorbée.

De plus, quoiqu'on ait commencé
en France à mettre en pratique les
idées du Docteur Franklin il acheva
lui-même la démonſtration de ſon
problême, avant que d'entendre parler de ce qu'on avoit fait ailleurs; &
il pouſſa ſes expériences aſſez loin
pour imiter par l'électricité tous les
effets connus du tonnerre, & faire
toutes les expériences électriques par
le moyen du nuage orageux.

Mais avant de rapporter aucune
des expériences du Docteur Franklin
concernant le tonnerre, il faut faire
mention de ce qu'il obſerva par rapport à la puiſſance des pointes, au
moyen deſquelles il ſe mit en état
d'exécuter ſes grands projets. Ce fut
proprement lui qui obſerva le premier
l'effet ſurprenant des corps terminés
en pointe, ſoit pour attirer ou pour
chaſſer le feu électrique.

M. Jallabert fut peut-être le premier qui remarqua qu'un corps poin-

tu par un bout & rond par l'autre, produifoit des apparences différentes fur le même corps, felon qu'on lui préfentoit l'extrémité pointue ou la ronde. Mais comme l'affure M. l'Abbé Nollet, devant qui il fit l'expérience, l'effet n'en fût pas conftant, & on n'en inféra rien (a). M. l'Abbé reconoît que le Docteur Franklin fut le premier qui fit voir la propriété qu'ont les corps pointus de tirer l'électricité plus puiffamment & à de plus grandes diftances que ne pourroient le faire d'autres corps (b).

Il électrifa une boule de fer de trois ou quatre pouces de diametre, & obferva qu'elle n'attiroit pas un fil, quand on lui préfentoit la pointe d'une aiguille ; mais que cela n'arrivoit que lorfque le corps pointu communiquoit avec la terre : car en préfentant le même corps pointu, attaché fur un morceau de cire à cacheter, il ne produifit pas cet effet ; mais qu'au moment qu'il toucha le corps

(a) Nollet, Recherches, pag. 312.
(b) Nollet, Lettres, vol. 1, pag. 124.

pointu avec son doigt, l'électricité
de la boule à laquelle il étoit suf-
pendu, fut déchargée. Il prouva la
proposition converse, en trouvant
qu'il étoit impossible d'électriser la
boule de fer, quand on mettoit sur
elle une aiguille pointue (a).

En faisant des observations sur les
pointes plus ou moins aiguës, le Docteur corrigea celle de M. Ellicott &
autres Electriciens Anglois, qui ont
prétendu qu'un corps pointu, de même qu'un morceau de feuille d'or,
que l'on mettroit entre deux plaques,
dont une seulement seroit électrisée,
demeureroit toujours suspendu plus
proche de la plaque non électrisée que
de l'autre. Car le Docteur observé
qu'il s'éloignoit toujours le plus de la
plaque à laquelle sa partie la plus
pointue étoit présentée, soit qu'elle
fût électrisée ou non ; & si une des
pointes se trouvoit fort émoussée &
l'autre fort aiguë, il demeuroit suspendu en l'air par la pointe émoussée
auprès du corps électrisé, sans qu'il

_____

(a) Franklin's, Letters, pag. 56.

y eût au-deſſous aucune plaque non
électriſée (a).

Le Docteur Franklin tâcha d'expliquer cet effet des corps pointus , en
ſuppoſant que la baſe ſur laquelle
poſoit le fluide électrique à la pointe
d'un corps électriſé , étant petite ,
l'attraction par laquelle le fluide étoit
tiré vers le corps , étoit légere ; &
que par la même raiſon , la réſiſ-
tance à l'entrée du fluide étoit à proportion plus foible en cet endroit, que
là où la ſurface étoit platte (b) : mais
il reconnoît ingénument qu'il ne fut
pas tout-à-fait content de cette hypo-
thèſe. Quelque choſe que nous pen-
ſions de la théorie du Docteur Franklin ſur l'influence qu'ont les conducteurs terminés en pointe , pour attirer le fluide électrique , on lui a toujours beaucoup d'obligation de l'uſage qu'il a fait de cette doctrine dans
la pratique (c).

Le Docteur Franklin , en expliquant la reſſemblance entre le fluide

(a) Franklin's Letters, pag. 67.
(b) Ibid. pag. 56.
(c) Ibid. pap. 62.

électrique & la matiere du tonnerre, commence par avertir ſes lecteurs de ne pas ſe laiſſer ébranler par la grande différence des effets relativement à la grandeur ; puiſqu'elle ne prouve pas qu'il y ait aucune diſparité dans leur nature. Il n'eſt pas ſurprenant, dit-il, que les effets de l'un ſoient infiniment plus grands que ceux de l'autre. Car ſi deux canons de fuſil électriſés frappent à deux pouces de diſtance, & font beaucoup de bruit, à quelle diſtance immenſe dix mille acres de nuages électriſés, ne doivent ils pas frapper & lancer leur feu, & combien le bruit ne doit-il pas en être effrayant (a)!

Je rangerai toutes les obſervations du Docteur Franklin, concernant le tonnerre, ſous les différents points de reſſemblance qu'il a remarqués entre lui & l'électricité ; je parcourrai ces points de ſimilitude dans le même ordre qu'il les a obſervés ; je ne ferai que placer dans un même endroit les remarques qui ſe trouvent éparſes

---

(a) Franklin's, Letters, pag. 44.

O iv

dans différents endroits de ses Lettres, quand elles auront rapport au même sujet.

1°. Il observa d'abord qu'on apperçoit les éclairs communément crochus & ondoyants dans l'air. Il en est toujours de même, dit-il, de l'étincelle électrique, quand on la tire d'un corps irrégulier à quelque distance (a). Il auroit bien pu ajouter, quand on la tire avec un corps irrégulier, ou à travers un espace dans lequel les meilleurs conducteurs sont disposés d'une façon irréguliere, ce qui arrive toujours dans l'athmosphere.

2°. Le tonnerre frappe les objets les plus élevés & les plus pointus qui se rencontrent en son chemin, préférablement aux autres, comme les hautes montagnes, les arbres, les tours, les clochers, les mats de vaisseaux, les pointes des piques, &c. de même tous les conducteurs pointus reçoivent ou rejettent le fluide électrique plus volontiers que ceux qui sont ter-

_____

(a) Franklin's, Letters, pag. 46.

minés par des surfaces plattes (a).

3°. On remarque que le tonnerre suit toujours le meilleur conducteur & le plus à sa portée. L'électricité en fait de même dans la décharge de la bouteille de Leyde. M. Franklin suppose par cette raison, qu'il seroit beaucoup plus sûr, durant l'orage, d'avoir les habits humides que secs; parce que dans ce cas-là, l'eau peut transmettre en grande partie la matière du tonnerre jusqu'à terre, & par-là garantir le corps [45]. On a observé, dit il, qu'un rat mouillé ne peut pas être tué par l'explosion de la bouteille électrique; & qu'au contraire il peut l'être quand il est sec (b).

4°. Le tonnerre met le feu; ainsi fait l'Electricité. Le Docteur Franklin dit, qu'il lui est arrivé d'enflammer par l'électricité de la résine dure &

(a) Franklin's, Letters, pag. 47.
(b) Ibid. pag. 47.

☞ [45] Il me semble que la matiere du tonnerre, qui traverseroit les habits de quelqu'un, chatouilleroit son corps de bien près: c'est pourquoi j'aimerois mieux qu'en pareil cas, mes habits fussent secs.

O v

féche, des efprits fans les avoir chauffés, & même du bois. Il dit avoir mis
le feu à de la poudre, fimplement en
la bourrant fortement dans une car-
touche, à chaque bout de laquelle
étoient introduits des fils de fer, dont
les pointes étoient placées à un demi-
pouce l'une de l'autre, & en déchargeant la bouteille à travers (a).

5°. Le tonnerre fond quelquefois les métaux. L'électricité fait la
même chofe; cependant le Docteur
s'eft trompé en imaginant que c'étoit
par une fufion froide, comme on le
verra dans fon lieu. La maniére dont
le Docteur Franklin a fait fondre les
métaux par l'électricité, à été d'en
mettre des pieces minces entre deux
plaques de verre liées fortement enfemble, & de s'en fervir pour décharger la bouteille. Quelquefois les
morceaux de verre, entre lefquels
ces métaux font placés, font mis en
pieces par la décharge, & réduits en
une efpece de fable groffier; ce qui
arriva une fois à des morceaux épais

_____

(a) Franklin's, Letters, pag. 48, 92.

de glace de miroir : mais s'ils restent dans leur entier, la piece de métal se trouve manquer dans plusieurs endroits, & l'on voit à sa place une tache métallique sur les deux verres ; les taches qui sont au verre de dessous & à celui de dessus étant toujours exactement semblables (a).

Un morceau de feuille d'or dont on se servit dans la même circonstance, parut non-seulement avoir été fondu, mais même vitrifié, suivant l'opinion du Docteur, ou plutôt incrusté assez profondement dans les pores du verre, pour en être défendu contre l'action de l'eau régale la plus forte. Il observa quelquefois que les taches métalliques s'étendoient un peu plus que la largueur des morceaux de métal. L'or fin, suivant ses observations, donnoit une tache obscure, quelquefois rougeâtre, & l'argent verdâtre (b).

M. Wilson suppose que dans cette expérience l'or n'est point incrusté

(a) Franklin's, Letters, pag. 48, 65.
(b) Ibid. pag. 68.

dans les pores du verre ; mais qu'il
est seulement si fort adhérent à sa
surface, qu'il y tient avec une force
excessivement grande (a).

6°. Le tonnerre déchire certains
corps : l'électricité en fait de même (b). M. Franklin observe que l'é-
tincelle électrique perce un cahier de
papier. Il remarque que quand le
tonnerre brise du bois, des briques,
des pierres, &c. les éclats s'échappent
par le côté où il se trouve la moindre
résistence. De même, dit-il, quand
une jarre électriséee perce un morceau
de carton ; si les surfaces du carton
ne sont pas comprimées & resserrées,
il s'élevera un bourlet autour du trou
des deux côtés du carton ; mais si l'un
des côtés est serré, de maniere que
le bourlet ne puisse pas s'élever de ce
côté-là, il s'élevera tout entier sur
l'autre côté, quelle que soit la direction du fluide ; car le bourlet autour
de la partie extérieure du trou, est
l'effet de l'explosion qui s'étend de

(a) Hoadley and Wilson, pag. 68.
(b) Franklin's, Letters, pag. 49.

tous côtés, en partant du centre du courant électrique, & non pas un effet de sa direction (a).

7°. Souvent on a vu des gens que le tonnerre a rendus aveugles ; le Docteur a vu un pigeon frappé de même d'aveuglement par une commotion violente, par laquelle il croyoit l'avoir tué (b).

8°. Le Docteur Miles décrit un orage qui arriva à Stretham, dans lequel le tonnerre emporta de la peinture qui couvroit une moulure dorée d'un panneau de menuiserie, sans gâter le reste de la peinture (c).

Le Docteur Franklin a imité ce fait en collant une bande de papier par-dessus les filets dorés de la couverture d'un livre, & faisant passer la commotion au travers. Le papier fut déchiré d'un bout à l'autre, avec tant de force qu'il se rompit en plusieurs endroits, & dans d'autres la commotion emporta une partie du grain du

(a) Franklin's, Letters, pag. 124.
(b) Ibid. pag. 63.
(c) Phil. Transf. vol. 45, pag. 387.

maroquin dont ce livre étoit couvert.
Le Dôéteur fut convaincu par-là que
s'il y eût eu de la peinture, elle auroit été empôrtée de la même maniere
que celle qui étoit fur la boiferie à
Stretham (a).

9°. Le tonnerre tue les animaux :
on a tué auffi des animaux par la commotion électrique. Les plus grands
animaux que le Doéteur Franklin &
fes amis ayent pu tuer, furent une
poule, & un dindon qui pefoit environ dix livres (b).

10°. On a remarqué que le tonnerre avoit ôté à des aimants leur
vertu, & renverfé leurs poles. Le
Doéteur Franklin a fait la même chofe
par l'éleétricité. Souvent il a donné
par le moyen de l'éleétricité, la direétion polaire à des aiguilles, & les
a fait changer à fon gré. La commotion donnée par quatre grandes jarres
à une aiguille à coudre bien fine, a,
dit il, donné la direétion polaire, de

(a) Philof. Tranf. vol. 45, pag. 64.
(b) Franklin's Letters, pag. 86, 153.

forte qu'en la mettant fur l'eau , elle
a pris cette direction ; ce qu'il y a de
plus remarquable dans ces expériences électriques fur les aimants, c'eft
que fi l'aiguille, quand elle eft frappée , eft tournée de l'Eft à l'Oueft , le
bout par où eft entré le fluide électrique , fe dirige vers le Nord ; mais
quand elle eft tournée Nord & Sud ,
le bout qui eft tourné vers le Nord ,
continue de s'y diriger , foit que le
fluide y foit entré par ce bout ou par
l'autre. Le Docteur imagina cependant qu'une commotion plus forte
auroit renverfé les poles même dans
cette fituation , effet qu'on a reconnu
avoir été produit par le tonnerre. Il
obferva auffi que la direction polaire
eft la plus forte , quand l'aiguille eft
tournée Nord & Sud au moment
qu'elle eft frappée , & la plus foible
quand elle eft tournée Eft & Oueft. Il
remarque que dans ces expériences
il arrive quelquefois que l'aiguille
prend une belle couleur bleue , comme celle d'un reffort de montre , par
la flamme électrique ; dans ce cas là,
la couleur que lui donne une commotion partant de deux jatres feule-

ment, peut être effacée; au lieu qu'une commotion provenant de quatre jarres, rend cette couleur fixe, & souvent fond les aiguilles. Les jarres dont le Docteur se servit, tenoient sept ou huit gallons [46], & étoient garnies & doublées de feuilles de métal (a).

Pour démontrer de la maniere la plus complette qu'il soit possible, la ressemblance du fluide électrique avec la matiere du tonnerre, le Docteur Franklin, toute surprenante que la chose ait dû lui paroître, a imaginé de faire descendre réellement le tonnerre des cieux, par le moyen d'un cerf volant électrique qu'il éleva dans l'air, quand il apperçut qu'il se formoit un orage. A ce cerf-volant étoit attaché un fil de fer pointu, au moyen duquel il attira le fluide électrique des nuages. Ce fluide descendoit par une corde de chanvre, & étoit reçu,

____

(a) Franklin's, Letters, pag. 90.

☞ [46] Le gallon est de quatre quartes d'Angleterre, ou d'environ quatre pintes, mesure de Paris.

par une clef attachée à fon extrémité ; la partie de la corde qu'on tenoit à la main étoit de foie , afin que la vertu électrique pût s'arrêter , quand elle étoit arrivée à la clef. Il remarqua que la corde tranfmettoit l'électricité même quand elle étoit prefque feche ; mais quand elle étoit humide, elle la tranfmettoit très - aifément ; de maniere que le feu fortoit abondamment de la clef, dès qu'une perfonne en approchoit fon doigt (a).

A cette clef il chargea des bouteilles ; & avec le feu électrique qu'il obtint ainfi , il alluma des efprits, & fit toutes les autres expériences électriques , qu'on a coutume de faire avec un globe ou un tube frottés.

Comme toutes les circonftances qui ont rapport à une découverte auffi importante que celle - ci , (la plus grande peut-être qui ait été faite en Phyfique depuis Newton) ne peuvent que faire plaifir à tous mes lecteurs ; je tâcherai de leur en communiquer quelques particularités que je tiens des meilleures autorités.

_____

(a) Franklin's, Letters , pag. 106.

Après avoir publié fa méthode de vérifier fon hypothefe touchant la reffemblance de l'électricité avec la matiere du tonnerre, le Docteur attendoit qu'on élevât un clocher à Philadelphie, pour exécuter ce qu'il avoit en vue ; n'imaginant pas alors qu'un barreau de fer pointu de peu de hauteur, rempliroit auffi-bien fon deffein, lorfqu'il lui vint dans l'idée [47] qu'au moyen d'un cerf-volant ordinaire, il pourroit joindre plus promptement & plus fûrement les régions du tonnerre que par aucun clocher que ce pût être. Ayant donc préparé un grand mouchoir de foie & deux bâtons en croix, d'une lon-

---

☞ [47] Cette idée n'eft pas venue feulement à l'efprit du Docteur Franklin : elle eft venue auffi à celui de M. de Romas, Affeffeur au Préfidial de Nérac. Il paroît, à la vérité, que c'eft M. Franklin qui a fait le premier l'expérience ; mais M. de Romas a obtenu de beaucoup plus grands effets, que ceux qu'à obtenus M. Franklin, quoiqu'il n'ait pas mis de fer pointu à fon cerf-volant. Voyez les *Mémoires de Mathématique & de Phyfique, préfentés à l'Académie par des Savans étrangers, tom. 2, pag. 393.*

gueur propre à le tenir étendu , il profita de la premiere occasion où il vit un orage qui menaçoit de tonnerre , pour aller se promener dans une campagne , où il avoit un appentis propre pour ses vues. Mais craignant le ridicule , dont on ne manque pas de couvrir ordinairement les essais infructueux en matiere de science , il ne fit part de l'expérience qu'il vouloit tenter à personne qu'à son fils , qu'il prit pour l'aider à élever le cerf-volant.

Le cerf-volant étant lancé , resta un temps considérable avant de donner aucun signe d'électricité. Il avoit passé au dessus de lui un nuage , qui , quoiqu'il promît beaucoup , ne produisit aucun effet : enfin , comme il commençoit à désespérer du succès , il remarqua quelques fils détachés de la ficelle de chanvre qui se dressoient & se repoussoient les uns les autres , précisément comme s'ils eussent été suspendus à un conducteur ordinaire. Frappé de ce bon augure , il présenta aussi tôt la jointure de son doigt à la clef. Que le lecteur juge du plaisir qu'il doit avoir senti dans le moment où il apperçut une étincelle électrique ; elle fut suivie de plusieurs autres, même avant que la ficelle fût humide ; de façon qu'il ne lui resta plus aucun doute : & quand la pluie eut humecté la ficelle, il eut du feu électrique fort abondamment. Ce fait arriva au mois de Juin 1752, un mois après que les Electriciens de France eurent vérifié la même théorie ; mais avant qu'il eût pu rien apprendre de ce qu'ils avoient fait.

Outre ce cerf-volant, le Docteur Franklin eut ensuite une barre de fer pour attirer l'électricité du tonnerre dans sa maison, afin de faire des expériences, toutes les fois qu'il y en auroit dans l'atmosphere une quantité considérable ; & pour ne perdre aucune occasion de cette nature, il attacha à cet appareil deux clochettes, qui l'avertissoient en sonnant, toutes les fois que sa barre étoit électrifée (a).

De cette maniere, le Docteur étant en état d'attirer la matiere du tonnerre dans sa maison pour faire des

(a) Franklin's, Letters, pag. 112.

expériences à loisir; & étant sûr qu'elle étoit à tous égards de la même nature que l'électricité, eut envie de savoir si elle étoit de l'espece positive ou négative. La premiere fois qu'il réussit à faire une experience dans cette vue, fut le 12 Avril 1753, où il parut qu'elle étoit de l'espece négative. Ayant donc trouvé que les nuages électrisoient négativement dans huit orages succeffifs, il en conclut qu'ils étoient toujours électrisés de même, & forma une théorie pour en donner l'explication; mais dans la suite il s'apperçut qu'il s'étoit trop pressé de conclure; car le six Juin suivant, il rencontra un nuage qui étoit électrisé positivement. Sur quoi il corrigea sa premiere théorie; mais il ne put pas en former une autre dont il fût content. Le Docteur trouva quelquefois que les nuages changoient de l'électricité positive à la négative, plusieurs fois dans le cours d'un seul orage [48]; & il observa une fois

_____

☞ [48] Ces deux sortes d'électricités, négative & positive, sont celles qu'on appelloit auparavant *résineuse* & *vitrée*. Puisque le même

que l'air étoit fortement électrifé pendant qu'il tomboit de la neige, quoiqu'il n'y eût point du tout de tonnerre (a).

Mais la grande utilité que le Docteur Franklin tira de fa découverte fur la reffemblance de l'électricité & du tonnerre, fut de préferver les édifices des dommages que caufent le ton-

---

(a) Franklin's, Letters, pag. 112.

corps peut les poff'éder toutes deux fucceffivement ; ce ne font donc pas deux efpeces différentes, dont l'une appartient au corps réfineux & l'autre aux corps vitrés. Ce ne font pas même deux efpeces différentes dans le fens dans lequel l'entend M. Franklin ; favoir que l'électricité *négative* eft celle d'un corps qui contient moins de matiere électrique que dans fon état naturel ; & l'électricité *pofitive* eft celle d'un corps qui en contient plus. Car, fi cela étoit, la bouteille de Leyde ne feroit jamais électrifée d'aucune façon, puifque, felon lui, le verre contient toujours précifément la même quantité de matiere électrique ; foit qu'il foit électrifé ou non. Ces deux fortes d'électricité ne différent que par le degré de force, qui peut être plus ou moins grand dans le même corps dans différents moments. Dans ce dernier fens, il n'y a pas de Phyficien qui n'admette la diftinction des deux électricités *en plus & en moins.*

nerre ; chofe d'une conféquence infinie dans toutes les parties du monde,
mais plus particuliérement dans différents cantons de l'Amérique Septen-
trionale, où les orages font plus fréquents, & leurs effets plus terribles à
caufe de l'air fec, qu'on ne les a jamais vus parmi nous.

Le Docteur Franklin remplit ce
grand objet par une méthode bien facile, & avec un appareil peu coûteux ; favoir de fixer une baguette
pointue de métal plus élevée qu'aucune partie du bâtiment, & qui communique avec le terrein ou plutôt
avec l'eau la plus voifine. La matiere
du tonnerre ne manquera pas de fe
faifir de ce fil de fer, préférablement
à toute autre partie de la maifon ; au
moyen de quoi fa puiffance dange-
reufe fera conduite à terre fûrement,
& fe diffipera fans faire aucun tort à
la maifon (a) [49].

_____

(a) Franklin's, Letters, pag. 62, 124.

☞ [49] Cette méthode a aujourd'hui
bien perdu de fon crédit ; perfonne n'y a plus
de confiance : & je crois qu'on a raifon. Cette

Le Docteur Franklin pensa qu'un fil de fer d'un quart de pouce de grosseur, seroit suffisant pour conduire une plus grande quantité de matiere qu'il ne s'en échappe réellement des nuages en un seul coup. Il trouva que la dorure d'un livre suffisoit pour conduire la charge de quatre grandes jarres ; & pensa qu'elle en pourroit conduire encore bien davantage. Il apprit aussi par expérience que quoiqu'un fil de fer fût rompu par l'explosion, il suffisoit encore pour transmettre cette commotion particuliere, quoique cela le mît hors d'état d'en transmettre une autre (a).

Le Docteur supposa aussi que des baguettes pointues, dressées sur des édifices pourroient pareillement prévenir un coup de tonnerre, de la maniere suivante. Il dit qu'un œil placé de façon à voir horizontalement la partie inférieure d'une nuée orageuse,

---

(a) Franklin's, Letters, pag. 124, 125.

barre de fer pointue me paroît plus propre à déterminer le tonnerre à tomber sur la maison, qu'à l'en détourner.

la verra toute raboteufe, avec plufieurs fragments féparés ou petits
nuages, les uns fous les autres, dont
les plus bas ne font fouvent pas bien
éloignés de la terre Ces nuages, comme autant de degrés, concourent à
tranfmettre la commotion entre la
nuée & un bâtiment. Pour repréfen-
ter ceci par une expérience, il recommande de prendre deux ou trois floccons de cotton fin & cardé, d'en atta-
cher un au principal conducteur par un
fil fin de deux pouces (qu'on peut fi-
ler du même floccon), puis un autre
à celui-ci ; & un troifieme au fecond par de femblables fils. Enfuite
il prefcrit de tourner le globe, & il
prétend qu'on verra ces floccons s'é-
tendre d'eux-mêmes vers la table,
comme font ces petits nuages vers la
terre ; mais qu'en leur préfentant une
pointe éfilée, dreffée fous le floccon
le plus bas, il fe refferrera vers le fecond, & le fecond vers le premier,
& tous enfemble vers le principal
conducteur, où ils refteront auffi
long-temps que la pointe continuera
d'être fous eux. C'eft une expérience
fort belle & très-ingénieufe. Or,

Tom. I. P

ajoute-t-il, n'eft-il pas poffible que les petits nuages électrifés, dont l'équilibre avec la terre eft bientôt rétabli par la pointe, remontent au corps principal, & par ce moyen occafionnent un vuide fi grand, que le principal nuage ne puiffe pas frapper dans cet endroit (*a*)?

(*a*) Franklin's, Letters, pag. 121.

PÉRIODE IX.

SECTION III.

Différentes découvertes du Docteur Franklin, & de ses amis en Amérique, faites pendant cette Période.

LE Docteur Franklin conservant l'opinion commune que les corps électrisés ont réellement des atmospheres de fluide électrique, [composées de particules qui se tiennent à quelque distance du corps, mais qui l'accompagnent toujours] observe que ces atmospheres & l'air ne paroissoient pas s'exclure l'un l'autre ; quoique, dit-il, cela est difficile à concevoir, vu qu'on suppose qu'ils se repoussent mutuellement.

Une atmosphere électrique, dit-il, qui entoure un gros fil de fer, in-

féré dans une bouteille , ne chaſſe,
aucune partie de l'air qui le contient;
& quand on retire cette atmoſphere,
il n'y entre point du tout d'air, comme il s'en eſt aſſuré par une expérience
fort curieuſe , faite avec exactitude ;
d'où il conclut auſſi que l'élaſticité de
l'air n'en étoit point affectée (a).

L'expérience, ainſi que nous l'apprend le Docteur, fut faite avec un
petit ſyphon de verre, dont une branche paſſoit dans la bouteille à travers
le bouchon de liege. On avoit inſinué
dans l'autre branche une goutte d'en-
cre rouge, qui ſe mouvoit aiſément
au moindre changement de température de l'air renfermé dans la bouteille ; mais point du tout lorſque l'on
électriſa l'air.

Il fit pareillement une expérience
qui ſembleroit prouver que ces at-
moſpheres , ſi elles ont réellement
quelque exiſtence, ne peuvent être
miſes en mouvement par aucune force
extérieure. Mais on pourroit penſer
tout auſſi bien que c'eſt une preuve

(a) Franklin's, Letters, pag. 98.

contre leur exiſtence. Il électriſa une groſſe balle de liege, attachée à l'extrémité d'un cordon de ſoie long de trois pieds ; & prenant l'autre extrémité dans ſa main, il la fit tourner en rond comme une fronde, une centaine de fois en plein air, le plus vîte qu'il put,& il obſerva qu'elle conſerva toujours ſon atmoſphere électrique, quoiqu'elle devoit avoir traverſé quatre cent toiſes d'air (a).

Pour faire voir qu'un corps dans différentes circonſtances de dilatation & de contraction eſt capable de recevoir ou de retenir plus ou moins du fluide électrique ſur ſa ſurface, il fit l'expérience ſuivante qui eſt fort curieuſe. Il électriſa un vaſe d'argent, dans lequel il y avoit une chaîne de cuivre d'environ neuf pieds, dont il pouvoit élever un bout à telle hauteur qu'il jugeoit à propos au moyen d'une poulie & une corde de ſoie. Il ſuſpendit un floccon de coton au platfond de la chambre par un cordon de ſoie, le faiſant pendre proche du vaſe ; & il ob-

_____

(a) Franklin's, Letters, pag. 97.

P iij

serva que toutes les fois qu'il élevoit la
chaîne, le coton s'approchoit plus près
du vase, & s'en éloignoit aussi constamment, quand il laissoit tomber
la chaîne. Cette expérience, dit-il,
prouvoit évidemment que l'atmosphere du vase étoit diminuée en éle-
vant la chaîne, & augmentée lorsqu'on la baissoit; & que l'atmosphere
de la chaîne devoit avoir été tirée du
vase quand elle étoit élevée, & lui
avoir été rendue quand on la baissoit (a).

Pour rendre les atmospheres électriques en quelque forte visibles, le
Docteur faisoit couler de la résine sur
des plaques chaudes de métal qu'on
tenoit sous les corps électrisés; &
dans une chambre tranquille la fumée s'élevoit, & formoit des atmospheres visibles autour des corps. En
essayant dans quelles circonstances le
pouvoir répulsif entre une balle de
fer électrisée, & une petite boule de
liege seroit altéré, il observa que
cette fumée de résine ne détruisoit pas
cette qualité répulsive, mais qu'elle

_____

(a) Franklin's, Letters, pag. 121.

étoit attirée & par le fer, & par le liege (a).

Le Docteur observa que l'argent exposé à l'étincelle électrique étoit taché de bleu, que le fer paroissoit en être rongé; mais il ne put appercevoir aucune impression faite sur l'or, le cuivre, ni l'étain. Les taches sur l'argent & sur le fer furent toujours les mêmes, soit qu'ils reçussent l'étincelle du plomb, du cuivre, de l'or ou de l'argent; & l'odeur du feu électrique fut la même, quelque corps qu'il eut traversé (b).

Pendant que nous en sommes à ce que fit le Docteur Franklin à Philadelphie, nous ne devons pas passer sous silence ce que fit M. Kinnersley, ami du Docteur, tandis qu'il étoit à Boston dans la nouvelle Angleterre. Il y a de lui quelques observations fort curieuses, dont l'explication se trouve dans les lettres du Docteur; & il nous en a envoyé en Angleterre quelques détails postérieurs, qui semblent promettre, que s'il continue ses

(a) Franklin's, Letters, pag. 55.
(b) Ibid. pag. 91, 98.

recherches électriques, son nom, après celui de son ami, le cédera à peu de personnes dans l'histoire de l'Electricité.

Il se distingua d'abord en découvrant de nouveau les deux électricités contraires du verre & du soufre : M. du Fay les avoit découvertes, mais ni lui, ni le Docteur Franklin n'en avoient alors aucune connoissance. M. Kinnersley eut bien de l'avantage sur M. du Fay ; car, faisant ses expériences dans un temps où cette science étoit plus généralement connue, il apperçut que les deux électricités contraires du verre & du soufre, étoient précisément les électricités positives & négatives, qui venoient d'être découvertes par le Docteur Watson & le Docteur Franklin.

Il observa qu'une boule de liege électrisée par le verre étoit attirée par l'ambre & le soufre, & repoussée par le verre & la porcelaine : qu'en électrisant la balle avec le fil de fer d'une bouteille chargée, elle étoit repoussée par le verre, mais attirée par le soufre : & que quand il l'électrisoit par le soufre ou l'ambre, jusqu'à ce qu'elle en fût repouffée, elle étoit attirée par le fil de fer de la bouteille, & repouffée par fon enveloppe. Ces expériences le furprirent beaucoup, mais l'analogie le conduifit à conclure *à priori* les paradoxes fuivants, [comme il les appelle lui-même] qui dans la fuite furent vérifiés, à fa priere, par le Docteur Franklin (*a*).

» 1°. Si on place un globe de verre » à une des extrémités d'un principal » conducteur & un globe de foufre » à l'autre, tous les deux bien difpo- » fés & dans un mouvement égal, » on ne pourra pas obtenir du con- » ducteur une feule étincelle, mais » un globe attirera à mefure tout ce » que l'autre donnera [50].

_____

(*a*) Franklin's, Letters, pag. 99.

☞ [50] Il eft vrai qu'en pareil cas, les fignes d'électricité font confidérablement diminués dans le conducteur ; mais ils ne font pas totalement anéantis, comme on le prétend. La raifon de cette diminution eft, 1°. Que le fluide électrique paffe le plus tard qu'il peut dans l'air, qui eft un milieu très-peu perméable pour lui : 2°. Que le foufre frotté eft au contraire un milieu qu'il pénétre très-aifément. De-là il arrive que ce fluide fuit toute la longueur du conducteur avec d'autant

» 2°. Si on suspend au conducteur
» une bouteille avec une chaîne qui
» aille de son enveloppe à la table,

plus de facilité, qu'il trouve à son extrémité
un corps qui est pour lui très-facile à pénétrer.
Ce qui diminue beaucoup, sur toute la surface du conducteur, les effluences, ainsi que
les affluences qui y sont proportionnelles, &
par conséquent les signes de l'électricité qui
en sont les effets. Mais il ne faut pas dire que
les signes d'électricité disparoissent entièrement : j'ai éprouvé plusieurs fois le contraire,
en répétant cette expérience. Si l'on présente
au conducteur un corps aussi perméable au
fluide électrique que l'est le soufre frotté, il
arrive souvent qu'on en tire des étincelles. Il
m'est même arrivé une fois que, faisant partie
de ce principal conducteur, ceux qui approcherent leur doigt de mes jambes, me firent
sentir une piqûre très-vive, & en ressentirent
en même-temps une pareille. Or ces piqûres
sont des signes d'électricité avoués de tous les
Physiciens électrisants : ces signes ne disparoissent donc pas toujours entièrement : donc
le principal conducteur demeure électrisé,
quoique cela soit d'une maniere moins sensible : mais ce qui prouve bien qu'en pareil
cas le conducteur est en effet électrisé, c'est
ce double courant de lumiere, qu'on ne manque jamais d'appercevoir à ses deux extrémités, & qui coule de ce conducteur vers l'un &
l'autre globe.

» & qu'on ne faffe ufage que d'un des
» globes à la fois, vingt tours de roue,
» par exemple, fuffiront pour la char-
» ger ; après quoi autant de tours de
» l'autre roue la déchargeront, & au-
» tant de tours de plus la chargeront
» de nouveau.

» 3°. Les globes étant tous deux en
» mouvement, chacun ayant un con-
» ducteur féparé, avec une bouteille
» fufpendue à un des deux, & la chaî-
» ne étant attachée à l'autre, la bou-
» teille fe chargera ; un globe char-
» geant pofitivement & l'autre néga-
» tivement.

» 4°. La bouteille étant chargée
» ainfi, fufpendez-la de la même ma-
» niere fur l'autre conducteur. Re-
» mettez encore les deux roues en
» mouvement, le même nombre de
» tours qui l'a chargée auparavant,
» la déchargera ; & le même nombre
» ajouté de plus la chargera de nou-
» veau.

» 5°. Quand chaque globe com-
» munique avec le même conducteur,
» d'où une chaîne pend fur la table,
» l'un d'eux quand il fera en mouve-
» ment [mais je ne faurois dire le-

» quel] reçoit le feu du couſſin, &
» le décharge à travers la chaîne ; &
» l'autre le reçoit de la chaîne, & le
» décharge à travers le couſſin (a). »

M. Kinnerſley, en conſeillant à
ſon ami d'eſſayer les expériences avec
le globe de ſoufre, l'avertit de ne pas
ſe ſervir de craie ſur le couſſin, & dit
qu'un peu de ſoufre réduit en poudre
fine ſeroit beaucoup meilleur ; il
ajoute, qu'il eſpere que ſi le Docteur
trouve que les deux globes chargent
le principal conducteur différemment,
il ſera en état de découvrir quelque
méthode pour déterminer, quel eſt
celui qui charge poſitivement.

Quand ces expériences & ces con-
jectures furent propoſées au Docteur
Franklin, il ne croyoit pas qu'elles
euſſent aucun fondement réel ; mais
il imaginoit que les différentes attractions & répulſions qu'avoit obſervées
M. Kinnerſley, venoient plutôt des
quantités plus ou moins grandes du
feu électrique tirées de différents corps,
que de ce qu'il fût d'une eſpece diffé-

_____

(a) Franklin's, Letters, pag. 100.

rente, ou qu'il eût des directions différentes. Mais ayant trouvé que les
principales suppositions de M. Kinnersley étoient vérifiées par les faits, il
ne douta plus des autres (*a*).

Pour répondre au doute de M. Kinnersley, savoir lequel des deux, du
verre ou du soufre électrisoit positiv-
ment; le Docteur fut d'avis que le
globe de verre électrisoit positivement, & celui de soufre négativement, par les raisons suivantes :

1°. Parce que, quoique le globe
de soufre parût opérer aussi bien que
celui de verre, il n'a cependant jamais pu causer une étincelle si forte
ni de si loin entre son doigt & le conducteur, que quand il s'est servi d'un
globe de verre. Mais ce qu'il ajoute
pour fortifier cette preuve, ne me paroît pas satisfaisant. Il suppose que les
corps d'une certaine grosseur ne peuvent pas se défaisir de la quantité de
fluide électrique qu'ils ont & qu'ils
retiennent dans leur substance, aussi
aisément qu'ils peuvent en recevoir

_____

(*a*) Franklin's, Letters, pag. 102, 103.

une nouvelle quantité sur leur surface, par maniere d'atmosphere ; & que par conséquent on n'en sauroit tirer autant du conducteur, qu'il est susceptible d'en recevoir (a).

2°. Il observa que l'aigrette de feu qui paroissoit au bout du fil de fer attaché au conducteur étoit longue, grande & fort divergente, & qu'elle craquoit ou petilloit quand on se servoit du globe de verre ; mais que quand on se servoit du globe de soufre, elle étoit courte, foible & ne faisoit qu'un petit sifflement. Il observa aussi qu'il arrivoit tout le contraire, quand il tenoit le même fil de fer dans sa main & qu'on faisoit mouvoir les globes alternativement. L'aigrette étoit grande, longue, divergente, & faisoit un craquement, quand on tournoit le globe de soufre ; mais courte, petite & ne faisant que siffler, quand on se servoit du globe de verre. Quand l'aigrette fut grande, forte & divergente, il parut au Docteur, que le corps duquel elle partoit,

(a) Franklin's, Letters, pag. 104.

jettoit le feu au dehors , & quand on vit le contraire , il parut s'en imbiber (a).

3°. Il obferva que quand il préfentoit l'articulation du doigt devant le globe de foufre , tandis qu'on le tournoit , le courant de feu entre fon doigt & le globe fembloit s'étendre fur fa furface , comme s'il fortoit du doigt : mais il en étoit tout autrement devant le globe de verre [5 1].

4°. Il obferva que le vent frais que l'on fent comme venant d'une pointe

_____

(a) Franklin's , Letters , pag. 104.

☞ [5 1] Quand on fait ces expériences avec foin & fans prévention pour aucun fyf- tême , & qu'on prend les moyens convenables pour connoître quelle eft la direction du fluide électrique , on voit clairement que ces feux ne différent que par la grandeur de l'apparence & la vîteffe de leur éruption , & qu'ils ont tou- jours la même direction , foit qu'on préfente le doigt au globe de foufre , foit qu'on le pré- fente au globe de verre. Car dans ce dernier cas l'aigrette qu'on voit au bout du doigt , fait frémir les liqueurs qu'on lui préfente , & fouffle en avant la flamme & la fumée d'une petite bougie : ce qui prouve bien qu'il y a une ma- tiere qui fort du doigt , fans préjudice à celle qui y entre en même-temps.

électrisée, étoit beaucoup plus senfi-
ble quand on se servoit d'un globe de
verre, que quand c'étoit un globe de
soufre. Mais quoique ces preuves
soient les meilleures que les sens puif-
sent nous donner du fluide électrique,
le Docteur reconnoît que ce ne font
que des penfées hafardées. En effet,
l'expérience ayant prouvé que la vîteffe du fluide électrique eft à-peu-
près inftantanée dans un circuit de
plufieurs milles, on ne peut pas fuppofer que l'œil foit en état de diftinguer de quel côté il fe dirige dans
l'efpace d'un ou deux pouces (a).

Je finirai cet article en obfervant
que les expériences que le Docteur a
faites avec des globes de verre & de
foufre, fe font beaucoup plus facile-
ment avec le conducteur & le frottoir ifolé de l'un ou l'autre, tous les
effets étant oppofés les uns aux autres.

Je vais maintenant ceffer de parler
de cet ingénieux écrivain & de fes
amis ; après avoir fuivi l'hiftoire de

(a) Franklin's, Letters, pag. 105.

leurs Recherches jufqu'en 1754, je
dois retourner fur mes pas pour voir
ce que l'on fit en Europe, deux ou
trois ans avant cette date, puifque
nous l'avons quittée pour paffer en
Amérique.

PÉRIODE X.

Histoire de l'Electricité depuis le temps où le Docteur Franklin fit ses Expériences en Amérique, jusqu'à l'année 1766.

Nous allons entrer dans la derniere Période, dans laquelle l'*Histoire de l'Electricité* se divise d'elle-même, & où la grande variété des matieres qui se présentent à notre vûe, oblige nécessairément un historien d'avoir recours à la méthode la plus stricte, sans quoi sa narration deviendroit extrêmement embarrassée & peu amusante. Comme cette Période renferme les événements d'un espace de temps bien plus étendu que la plupart des autres, sans cependant qu'on y trouve aucun vuide; attendu que les connoissances en Electricité y ont été considérablement multipliées, & qu'un plus grand nombre de personnes ont pris part à la moisson des découvertes, dont la femence avoit été jettée, dans les Périodes précédentes, par le Docteur Watson, par le Docteur Franklin & d'autres ; je fuis contraint de la fubdivifer en un plus grand nombre de parties : mais j'efpere qu'on n'en trouvera qu'autant qu'il en faut pour empêcher la confufion.

Cependant fi cette variété & cette multiplicité de matieres que fournit cette Période, tend à embarraffer un hiftorien & à exercer fes talents pour la diftribution & l'ordre, elle fournit une démonftration frappante d'une vérité, qui doit caufer le plus grand plaifir à tous les Amateurs de l'Electricité & de la Phyfique. Si les progrès continuent à être les mêmes dans une autre Période, d'un égal nombre d'années, fi les découvertes continuent à être plus abondantes, & les Amateurs à proportion plus nombreux, quelle fcène glorieufe nous attend ! quel fonds d'amufements nous eft réfervé ! quels avantages importants le genre humain ne pourra-t-il pas en retirer !

SECTION I.

Améliorations dans l'appareil Electrique, avec les expériences & les observations qui y ont rapport.

COMME on a beaucoup amélioré notre appareil électrique dans le cours de cette Période, je rapporterai d'abord ce qui est parvenu jusqu'à moi sur ce sujet, & particuliérement les méthodes qu'on a communiquées de temps à autres, pour augmenter le pouvoir de l'Electricité par les différentes manieres d'exciter cette vertu.

Dès l'année 1751, en parlant de l'essai que l'on fit des expériences de M. Winkler, on a fait mention de la méthode de M. Canton, de frotter les tubes avec une étoffe de soie, préparée avec de l'huile de graine de lin. Il avoit trouvé, par une très-longue expérience, quelle produisoit le plus grand effet sur les tubes ; mais il n'avoit pas trouvé qu'elle fût aussi bonne à proportion pour frotter les globes (a).

Dans une autre occasion, M. Canton remarque qu'au moyen de ce frottoir, un cylindre solide de verre qu'on avoit présenté devant le feu pour le bien sécher, s'électrisoit aussi facilement qu'un tube de verre, & qu il agissoit de même à tous égards ; que même dès le premier coup il devenoit fortement électrique (b).

Mais la meilleure façon que découvrit M. Canton pour augmenter le pouvoir de l'électricité, fut d'étendre sur le coussin du globe, ou sur le frottoir de soie huilé du tube, une petite quantité d'un amalgame de mercure & d'étain, avec un peu de craie ou de blanc d'Espagne. On peut par ce moyen électrifer un globe ou un tube, à un fort haut degré avec très-peu de frottement, sur-tout si l'on a soin de rendre le frottoir plus humide ou plus sec selon le besoin (c).

(a) Phil. Transf. vol. 47, pag. 239.
(b) Ibid vol. 48, part. 2, pag. 784.
(c) Ibid. vol. 52, part. 2, pag. 461.

M. Wilke dit qu'un tube de verre
électrifé avec une étoffe de laine, fur
laquelle on a mis un peu de cire
blanche ou d'huile, lance des étincelles avec beaucoup de bruit dans
l'obfcurité (a). Il prétend n'avoir jamais vu de globes lancer de ces étincelles, fi ce n'eft quelquefois quand
on commençoit à s'en fervir (b).

Notre appareil électrique a été confidérablement augmenté dans cette
Période, par la découverte du Pere
Windelinus Ammerfin de Suiffe, qui
nous a appris, dans un traité latin
publié à Lucerne en 1754, que le
bois convenablement féché, jufqu'à
devenir fort brun, n'étoit point conducteur d'électricité. Il recommande
de faire bouillir le bois dans l'huile
de graine de lin, ou de le couvrir de
vernis, quand il a été féché, afin
d'empêcher toute humidité de rentrer
dans fes pores; & il ajoute que du
bois ainfi préparé, paroît donner des
fignes d'électricité encore plus forts

(a) Wilke, pag. 124.
(b) Ibid. pag. 126.

que ceux que donne le verre. Il s'est
servi lui-même des mesures ordinaires, telles qu'on en trouve dans les
greniers, qu'il a fait d'abord bouillir
dans l'huile, & qu'il a montées ensuite de façon à pouvoir être tournées
au moyen d'une roue (a).

Il paroît, dit M. Wilson, par les
Transactions Philosophiques de l'année 1747, que le Docteur Watson
ayant besoin de soutenir un long fil
de fer, dans une expérience qu'il fit
auprès de la montagne de Shooter,
dans la vue de déterminer la vîtesse
du fluide électrique, se servit de
pieux de bois sec, qu'il dit avoir fait
mettre au four, afin d'empêcher le
fluide électrique de s'échapper dans le
terrein (b).

Le Pere Beccaria employa une méthode de procurer l'électricité, encore
plus extraordinaire que le bois séché
au four. Il mit sur son globe de verre
une peau de chat séche & chaude,

(a) Philos. Transact. vol. 52, part. 1
pag. 342.
(b) Ibid. vol. 51, part. 2, pag. 896.

& la frottant avec la main, il excita une électricité très-puissante (a).

Ces Cylindres de bois électrisent positivement ou négativement selon que le frottoir est de soie ou de laine, mais l'électricité en est beaucoup plus puissante quand elle est négative que quand elle est positive ; ce qui vient de l'inégalité qu'il y a communément sur leurs surfaces ; cela forme une agréable variété dans un appareil électrique. Mais la méthode la plus ancienne & la plus usitée de procurer l'électricité négative, est de se servir de globe de soufre. M. le Roy les a faits en mettant une enveloppe de soufre sur un globe de verre, & la polissant ensuite avec un fer chaud ; mais M. Nollet à préféré de faire fondre le soufre dans l'intérieur du globe de verre, & de casser ensuite le globe pour ôter le verre par morceaux, parce que cette méthode lui donne un poli beaucoup plus beau (b).

Il a fait un globe avec un mêlange

(a) Lettere dell' Elettricismo, pag. 58.
(b) Nollet, Lettres, vol. 2, pag. 121.

de

de foufre & de verre pilé, mais il a
trouvé qu'il produifoit à-peu-près le
même effet que s'il eût été tout de
foufre (a).

Depuis que M. Canton eut découvert la puiffance négative du verre
brut & raboteux, quelques Phyficiens fe font fervis de globes de verre
dépoli avec de l'émeril, & la méthode ordinaire de leur faire perdre
leur poli, fut de les frotter, en les
tournant fur leur axe ; mais M. Speud-
ler, faifeur d'inftruments de Mathématique à Coppenhague, obferve,
dans fes Lettres fur l'Electricité, que
des globes de verre qu'on a dépoli,
en conduifant la pierre ou l'émeril
d'un pole à l'autre, ont beaucoup plus
de vertu ; parce que cette maniere de
les dépolir les rend plus rudes par rapport au frottoir (b).

Un moyen plus prompt & meilleur
que tous ceux-là, pour procurer l'é-
lectricité négative, c'eft d'ifoler le
frottoir d'un globe poli, & de le faire

(a) Nollet, Lettres, vol. 2, pag. 124.
(b) Wilke, pag. 57.

répondre à un principal conducteur
isolé, tandis que le conducteur ordinaire communique avec le terrein.
Le frottoir, s'il est bien isolé, procu-
rera sûrement une électricité négative, égale en puissance à la positive du
même globe. M. Dalibard enseigne
un grand nombre de précautions pour
bien électrifer un frottoir, & pour
l'empêcher de recevoir aucun feu
électrique dans son état d'isolation (a).

`M. Bergman d'Upsal dit que fort
souvent, voyant que ses globes de
verre ne pouvoient être électrifés que
foiblement, il les doubloit d'une légere couche de soufre, & qu'alors ils
donnoient une électricité positive
beaucoup plus forte qu'auparavant (b).

M. Nollet nous apprend qu'en Italie & ailleurs, les Electriciens font
dans l'usage d'enduire de poix ou d'autre matiere résineuse l'intérieur de
leurs globes, précaution qui, à ce
qu'ils prétendent, fait qu'ils vont toujours très-bien (c).

_____

(a) Dalibard's Franklin, pag. 110.
(b) Phil. Transf. vol. 52, part. 2, pag. 485.
(c) Lettres, vol. 2, pag. 122.

Nous sommes redevables à M. l'Abbé Nollet de quelques observations sur les puissances électriques de différentes sortes de verre, qu'il nous a données dans le sixieme volume de ses Leçons de Physique, imprimé en 1764.

Il ne faut pas croire, dit-il, que toutes les especes de verre soient également électrisables. Il y en a qui ne le font point du tout ou presque point; tel est par exemple celui dont on fait les glaces à Saint-Gobin en Picardie. Je l'ai essayé cent fois, dit-il, en forme plate, en forme de tubes & de globes, & dans toutes sortes de temps; mais à peine ai-je pu en tirer quelques signes un peu sensibles d'électricité.

Le verre dont on fait des vitres, celui qui sert à la gobleterie, quand il est nouvellement fabriqué, ne s'électrise qu'avec beaucoup de difficulté. Souvent, dit-il, j'ai frotté à plusieurs reprises des tubes & d'autres pieces, même dans la verrerie où je les avois fait faire, & toujours sans sans succès; ce n'a été qu'après plusieurs mois, & quelquefois après des années entieres que j'en ai pu tirer parti.

Il est certain, [& il assure l'avoir constamment observé] que le verre devient plus propre aux expériences électriques à force d'être frotté ; & que quelquefois il a fallu des mois entiers pour faire bien réussir des globes & des tubes.

Il ne pense pas que ces faits puissent être expliqués par les différents degrés de transparence, ni par les différentes couleurs du verre. Ce qui rend la chose évidente, c'est que certains globes acquierent, par le service, la vertu électrique qu'ils n'avoient pas d'abord. Le verre dont on fait les bouteilles à Sevres lui a fort bien réussi, tandis que des globes de verre blanc ne sont devenus passablement bons qu'après avoir servi un certain temps.

Il ne pourroit dire certainement pourquoi quelques especes de verres sont électrisables ou non par le frottement ; mail il soupçonne que cela vient principalement du degré de dureté & de cuisson ; ce qui le porte à le croire, c'est que le verre des manufactures de Saint-Gobin & de

Cherbourg , [le plus dur , le plus compact & le plus cuit de tous les verres de France ,] est le plus difficile à électrifer ; au lieu que le cristal d'Angleterre , celui de Bohème , &c. qui font beaucoup plus tendres , font les meilleurs de tous pour les expériences d'électricité. Il dit de plus , qu'il s'est procuré des verres imparfaits , qui n'avoient pas été affez long-temps dans le fourneau pour être fins ; & que , quoiqu'ils fuffent de même compofition que les glaces ; ils se font électrifés très-fensiblement.

Il dit qu'un globe de dix ou douze pouces de diametre , & qui fait environ quatre révolutions par feconde , reçoit un frottement convenable ; mais qu'il ne faut pas s'attendre que fi le globe étoit de moitié ou d'un quart plus grand ou plus petit , fes effets fuffent augmentés ou diminués à proportion (a).

À l'occafion des corps ifolés , il obferve que , quand on fe fert pour cet

---

(a) Leçons de Phyfique , vol. 6 , p. 273. 276.

effet de gâteaux de foufre, de réfine, de cire à cacheter & de cire d'abeilles, ces matieres doivent être bien refroidies & bien repofées lorfqu'on les emploie. Car il prétend avoir obfervé conftamment, que quand les gâteaux font nouvellement faits, ils ne font pas fi propres à ifoler les corps, qu'ils le font communément au bout de quelques mois (a).

Il eft à propos d'avertir ici les jeunes Electriciens, qu'on a vu plufieurs fois des globes fe brifer en les électrifant, & leurs fragments s'élancer avec beaucoup de violence dans toutes fortes de directions au grand danger des fpectateurs. Cet accident eft arrivé à M. Sabatelli en Italie, à M. l'Abbé Nollet à Paris, au P. Berault à Lyon, à M. Boze à Wirtemberg, à M. le Cat à Rouen, & à M. le Préfident de Robien à Rennes.

L'air contenu dans l'intérieur du globe de M. Sabatelli n'avoit point de communication avec l'air extérieur : mais il y en avoit dans celui de

_____

(a) Leçons de Phyfique, vol. 6, p. 299.

M. l'Abbé Nollet. Ce dernier, qui étoit de cryſtal d'Angleterre, qui avoit déja ſervi deux ans, & qui avoit plus d'une ligne d'épaiſſeur, éclata comme une bombe, dans les mains d'un domeſtique qui le frottoit ; & les morceaux, dont les plus grands n'avoient pas plus d'un pouce de diametre, furent diſperſés de toutes parts à des diſtances conſidérables. M. l'Abbé dit que tous les globes qui ont éclaté de cette maniere, n'ont ſoutenu que cinq ou ſix tours de roue : & il attribue cet effet à l'action de la matiere électrique, qui ébranle les particules du verre d'une maniere qu'il ne peut pas concevoir (a).

Quand le globe du P. Berault ſe caſſa, [& c'eſt le premier que l'on ſache à qui cet accident ſoit jamais arrivé,] il faiſoit quelques expériences dans l'obſcurité, le 8 Février 1750, on entendit d'abord comme un bruit de déchirement, enſuite l'exploſion ſe fit ; & quand on eut apporté la lumiere, on obſerva que les

(a) Nollet, Lettres, vol. 1, pag. 19.

Q iv

endroits du plancher qui étoient dans
le plan de l'équateur du globe, furent
semés de parcelles plus petites & en
plus grand nombre que celles qui furent lancées vis-à-vis ses autres parties. Ce globe avoit été fêlé, mais
il avoit servi constamment dans cet
état pendant plus d'un an, & la fê-
lure étoit étendue du pole à l'équateur. Le P. Berault attribue cet accident aux vibrations des particules du
verre causées par le frottement (a).

Quand le globe de M. Boze se
brisa, il dit que dans le moment même il parut dans sa totalité comme
un charbon enflammé ; phénomene
que nous verrons ci-après expliqué
par M. Wilke (b).

M. Boulanger dit que des globes
de verre ont quelquefois éclaté comme des bombes, & blessé plusieurs
personnes ; & que leurs fragments
ont même pénétré de plusieurs pouces
dans une muraille (c). Il dit aussi que

_____

(a) Histoire de l'Electricité, pag. 87.
(b) Wilke, pag. 124.
(c) Boulanger, pag. 23.

quand des globes, en tournant, fe
brifent par l'attouchement du conducteur, ils éclatent avec la même
violence, & que les morceaux en-
trent fouvent dans la muraille (a).

M. l'Abbé Nollet avoit auffi un
globe de foufre qui après deux ou
trois tours de roue fe brifa, après avoir
craqué intérieurement, tandis qu'il
le frottoit avec fes mains nues ; & fe
réduifit en morceaux fort petits, qui
s'élancerent à une diftance confidérable, & en une pouffiere fine, dont
une partie fut pouffée avec tant de
force vers fa poitrine, qui étoit découverte, qu'il ne put l'en détacher
qu'avec la lame d'un couteau (b).

(a) Boulanger, pag. 144.
(b) Nollet, Lettres, vol. 2, pag. 120.

Q v

PÉRIODE X.

SECTION II.

Observations sur le pouvoir conducteur de différentes substances , & particulierement les expériences de M. Canton sur l'air , & celles du P. Beccaria sur l'air & l'eau.

UNE des principales choses qui seroient à desirer dans la science de l'Electricité , c'est de fixer en quoi consiste la distinction entre les corps qui sont conducteurs du fluide électrique , & ceux qui ne le sont pas. Tout ce qu'on a fait jusqu'ici, relativement à cette question , s'est réduit presque à observer combien ces deux classes de corps sont approchantes l'une de l'autre ; & avant la Période dont nous traitons actuellement,

ces obfervations étoient en petit nombre, générales & fuperficielles. Mais
je vais préfenter à mes lecteurs plufieurs expériences exactes & fort curieufes, qui, fi elles ne nous donnent
pas une fatisfaction entiere fur l'objet
dont il s'agit, jetteront cependant
beaucoup de jour fur cette matiere. Elles font voir que les fubftances qui ont
été confidérées comme des conducteurs parfaits, ou comme non conducteurs, ne font telles que jufqu'à
un certain point, & que vraifembla-
blement tous les corps de la nature
participent en quelque forte aux propriétés des deux.

Ces expériences ont été faites par
deux hommes, que je puis, en qualité d'hiftorien, regarder comme deux
des plus célébres héros de cette partie
de mon ouvrage ; favoir M. Canton,
dónt les découvertes en Electricité
pendant cette Période, font beaucoup
plus confidérables & plus nombreufes
que celles d'aucun autre Anglois ; &
le P. Beccaria un des plus célébres de
tous les Electriciens étrangers.

Perfonne n'avoit découvert avant
M. Canton que l'air étoit capable de

recevoir l'électricité par communication, & de la conferver quand il l'a
reçue ; mais au moyen d'une de fes
excellentes inventions, il parvint à
s'en affurer, & même à en mefurer
le degré, pour le peu qu'il fût confidérable.

Il prit deux petites balles de moëlle
de fureau féches, faites au tour ; il
les mit dans une boîte étroite dont
le couvercle étoit à couliffe, & les
difpofa tellement que les fils, qui
étoient du lin le plus fin, fe tenoient
droits dans la boîte. Si l'on tient cette
boîte par le bout du couvercle, les
balles pendent librement d'une petite
pointe qui eft en-dedans. Ces balles
fufpendues à une diftance fuffifante
des bâtiments, des arbres, &c font
connoître aifément l'électricité de l'atmofphere. Elles déterminent auffi fi
l'électricité des nuages & de l'air eft
pofitive, par le décroiffement, ou négative par l'accroiffement de leur répulfion, quand on en approche de
l'ambre ou de la cire d'Efpagne électrifés.

Au moyen de cet inftrument, il
obferva que l'on pouvoit électrifer

l'air d'une chambre auprès de l'appareil ; & même l'air de toute la chambre, à un degré confidérable, ce qu'il étoit en état de faire tant pofitivement que négativement.

Il obferve, dans un Mémoire lû à la fociété Royale, le 6 Décembre 1753, que l'air ordinaire d'un appartement peut être électrifé à un degré confidérable, & conferver cette électricité quelque temps. Ayant bien féché l'air de fa chambre par le moyen du feu [52], il électrifa fortement un tube de fer blanc, qui avoit une paire de balles fufpendue à une de fes extrémités ; pour-lors il parut que l'air voifin étoit pareillement électrifé. Car ayant touché le tube avec fon doigt ou un autre conducteur, les balles continuerent malgré cela à fe

─────────────

☞ [52] Je ne regarde pas comme un moyen fûr, à beaucoup près, de faire du feu dans une chambre pour en fécher l'air. Par-là on l'échauffe ; mais on ne le feche pas Au contraire, s'il fe trouve dans cette chambre des corps contenant de l'humidité qui puiffe s'évaporer, elle le fera plus promptement ; & alors, au lieu de fécher l'air en l'échauffant, on le rendra par-là plus humide.

repouffer l'une l'autre , quoique pas
à une fi grande diftance qu'auparavant (a). Mais il obferve que leur
répulfion diminuoit à mefure qu'on
les approchoit du plancher , de la
boiferie ou de quelque meuble ; &
qu'elles fe touchoient l'une l'autre ,
quand on les plaçoit à une petite diftance de quelque conducteur. Il a remarqué que l'air conservoit quelque
degré de cette puiffance électrique
pendant plus d'une heure après le frottement du tube, quand le temps étoit
très-fec [53].

_____

(a) Philof. Tranfact. vol. 49 , part. 1 ;
pag. 300.

☞ [53] De cette expérience, M. Canton
conclut que l'air s'eft électrifé par communication : il auroit dû en conclure plutôt que fes
balles avoient confervé un peu d'électricité,
malgré fon attouchement au conducteur ; car
s'il eût touché les balles mêmes , elles fe feroient entierement défélectrifées , comme le
prouve la diminution de leur répulfion , par
leur approche au plancher ou aux meubles :
& elles n'auroient pas été électrifées de nouveau par l'air ambiant ; ce qui auroit cependant dû être , fi cet air eût été lui même électrifé. Ou du moins ; s'il s'eft trouvé quelque

Pour électrifer négativement l'air ou l'humidité qui y eſt contenue, M. Canton iſola par le moyen d'un cordon de ſoie tendu entre deux chaiſes, tournées dos à dos, & diſtante l'une de l'autre d'environ trois pieds, un tube de fer blanc, qui avoit à une de ſes extrémités une aiguille à coudre bien fine ; & il frotta du ſoufre de la cire à cacheter, ou un tube de verre dépoli, le plus près qu'il put de l'autre bout, pendant trois à quatre minutes ; après quoi il trouva l'air électriſé négativement, lequel continua dans cet état un temps conſidérable, après que l'appareil eut été tranſporté dans une autre chambre (a).

Il dit, dans un Mémoire, daté du 11 Novembre 175+, que l'air ſec, à une grande diſtance de terre, s'il eſt dans un état électrique, y demeure juſqu'à ce qu'il rencontre quelque

_____

(a) Philoſ. Tranſact. vol. 48, part. 2, pag. 784.

électricité dans l'air, ce n'eſt pas à l'air qu'elle appartenoit, mais aux parties aqueuſes qu'il contenoit.

conducteur ; cela est probable par l'expérience suivante. Si l'on place un tube de verre frotté, & qui a son poli naturel, droit dans le milieu d'une chambre, [en mettant une de ses extrémités dans un trou fait exprès dans un bloc de bois,] il perd ordinairement son électricité en moins de cinq minutes, en attirant à lui une quantité d'humidité suffisante pour transmettre le fluide électrique de toutes les parties de sa surface au plancher ; mais si, dès qu'il a été frotté, on le place de la même maniere devant un bon feu, à environ deux pieds de distance, de façon qu'aucune humidité ne s'attache à sa surface ; il continuera à être électrique un jour entier & peut-être encore plus long-temps (a) [54].

Le P. Beccaria, sans savoir ce qu'avoit fait M. Canton, fit aussi la même

---

(a) Philos. Transact. vol. 48, part. 2, pag. 784.

☞ [54] M. Canton devoit savoir que de chauffer un tube de verre, suffit souvent pour l'électriser.

découverte de la communication de
l'électricité à l'air , & varia l'expérience d'une façon plus agréable &
plus fatisfaifante. Il prouve que l'air
qui eft contigu à un corps électrifé,
acquiert par degré la même électricité ; que cette électrité de l'air agit
d'une maniere oppofée à celle du
corps , & diminue fes effets ; & que,
comme l'air acquiert cette électricité
lentement, il la perd de même.

Il commença fes expériences par
fufpendre des fils de lin fur une chaîne
électrifée , & il obferva que c'étoit
après quelques tours du globe qu'ils
étoient les plus divergents. Après
cela ils fe rapprochoient les uns des
autres , quoiqu'il continuât de faire
tourner le globe , & que l'électrifation fût auffi puiffante que jamais a).

Après avoir tenu la chaîne électrifée pendant un temps confidérable,
ceffant alors de frotter le globe , les
fils retomberent peu-à-peu , jufqu'à
ce qu'enfin ils devinrent paralleles.
Enfuite ils recommencerent à devenir
divergents fans être électrifés de nou-

(a) Lettere dell' Elettricifmo , pag 87.

veau ; & fi l'air étoit tranquille, cette divergence continuoit pendant une heure ou plus.

On diminuoit cette divergence en électrifant la chaîne. Car fi on recommençoit à tourner le globe, les fils devenoient d'abord paralleles, & enfuite commençoient à diverger comme auparavant. Ainfi la feconde divergence des fils eut lieu, lorfque la chaîne fut privée de fon électricité, & lorfque la portion que l'air en avoit acquis, commença à fe manifefter.

Si, tandis que les fils commençoient à diverger par l'électricité de l'air, on touchoit la chaîne & qu'on ôtât par-là ce qui lui reftoit d'électricité, auffi-tôt les fils fe féparoient de plus en plus. Ainfi plus l'électricité de la chaîne étoit diminuée, plus l'électricité de l'air étoit apparente.

Tandis que les fils étoient dans leur feconde divergence, il fufpendit à la chaîne, par le moyen d'un fil de foie, deux autres fils plus courts que les précédents ; & quand il eut enlevé à la chaîne toute fon électricité, ils fe féparerent de même que les fils précédents.

Si il préfentoit d'autres fils aux pré-

cédents pendant leur divergence , ils
se repoussoient les uns les autres (a).

C'est ainsi que le Pere Beccaria dé-
montre, d'une maniere ingénieuse &
complette , que l'air reçoit réellement
l'électricité par communication , & la
perd par degré ; & que l'électricité de
l'air agit d'une maniere contraire à
celle du corps qui la lui communique.

Le Pere Beccaria fit aussi diverses
autres expériences , qui démontrent
d'autres qualités mutuelles de l'air &
du fluide électrique ; quelques-unes
sur-tout qui prouvent leur répulsion
mutuelle ; & que le fluide électrique
fait un vuide momentané en traver-
sant une portion d'air.

Il approcha les extrémités de deux
fils de fer , à une petite distance l'un
de l'autre, dans un tube de verre dont
un bout étoit bouché & l'autre plongé dans l'eau ; & il observa que l'eau
baissoit dans le tube à chaque fois
qu'une étincelle passoit de l'un à l'autre , le fluide électrique ayant repoussé l'air (b).

(a) Lettere dell' Elettricismo, pag. 90.
(b) Elettricismo artificiale e naturale,
pag. 110.

Il fit l'explosion électrique quantité de fois dans le même air, renfermé dans un tube de verre, à l'effet de s'assurer si l'élasticité de l'air en étoit affectée; mais il n'y trouva aucune altération. Après l'opération il brisa le tube sous l'eau; mais il ne s'en échappa aucune portion d'air; & aucune portion d'eau ne força le passage dans le tube. L'expérience fut faite avec toute la précaution requise par rapport à la chaleur & au froid (a).

Les expériences que fit le P. Beccaria sur l'eau pour montrer son imperfection comme conducteur, sont plus surprenantes que celles qu'il fit sur l'air pour son imperfection dans un sens contraire. Elles prouvent que l'eau transmet l'électricité à raison de sa quantité; & qu'une petite quantité d'eau oppose une fort grande résistance au passage du fluide électrique.

Il disposa des tubes pleins d'eau, de maniere qu'ils faisoient partie du

_____

(a) Elettricismo artificiale e naturale, pag. 81.

cercle électrique : il observa que quand ils étoient fort petits, ils ne transmettoient pas la commotion ; mais que la commotion augmentoit à mesure que les tubes dont on se servoit étoient plus grands (a).

Mais ce qui nous surprend le plus dans les expériences du Pere Beccaria sur l'eau, c'est qu'il y rendit visible l'étincelle électrique, quoi qu'elle soit un conducteur réel de l'électricité. Rien cependant ne peut prouver plus clairement combien elle est un conducteur imparfait.

Il insinua des fils de fer dans de petits tubes remplis d'eau, presque au point de se rencontrer; & s'en servant pour décharger la bouteille, l'étincelle électrique fut visible entre leurs pointes, comme s'il n'y eût point eu d'eau dans l'intervalle. Le plus souvent les tubes furent brisés par morceaux, & les fragments jettés à une distance considérable. Cela fut causé évidemment par la répulsion de l'eau

(a) Elettricismo artificiale e naturale, pag. 113.

& par son incompressibilité ; n'étant pas capable de se retirer assez sur elle-même, & la force avec laquelle elle fut repoussée étant fort grande(*a*) [55].

Il prétend que la force avec laquelle de petites quantités d'eau sont ainsi repoussées par le fluide électrique, est prodigieuse ; au moyen d'une charge de quatre cent pouces quarrés, il rompit un tuyau de verre de deux lignes d'épaisseur, & les morceaux furent chassés à vingt pieds de distance. Quelquefois même il cassa des tubes épais de huit ou dix lignes, & les morceaux furent jettés à des distances proportionnellement plus grandes (*b*).

Il trouva l'effet de l'étincelle électrique sur l'eau plus grand que celui d'une étincelle de feu ordinaire sur la poudre à canon : & il ne doute pas, dit-il, que, si on pouvoit

_____

(*a*) Elettricismo artificiale e naturale, pag. 114.

(*b*) Lettere dell' Elettricismo, pag. 74.

☞ [55] La vraie cause de cet effet est le mouvement rétrograde des deux courants de matiere électrique, causé par leur percussion mutuelle dans l'explosion.

trouver une méthode de la manier
auffi-bien un canon chargé d'eau ne
fût plus terrible, qu'un canon chargé
de poudre. En effet, il chargea d'eau
un tube de verre, & y infinua une
petite balle, qui fut déchargée avec
une force telle qu'elle alla s'enterrer
dans de l'argille qu'on avoit placée
pour la recevoir (a).

Il imagina que cette réfiftance que
de petites quantités d'eau font à là
matiere électrique, étoit plus grande
que celle de l'air (b) ; cependant il
jugea qu'il étoit poffible que dans ce
cas-là la matiere électrique n'agît pas
fur l'eau immédiatement, mais fur
l'air fixe qu'elle contient : car quand
les tubes ne fe briferent pas, il obferva qu'un grand nombre de bulles
d'air qui refterent éparfes dans toute
la maffe de l'eau, monterent au fommet, & fe mêlerent avec l'air de l'atmofphere (c).

(a) Lettere dell' Elettricifmo, p. 75. 76.
(b) Elettricifmo artificiale e naturale,
pag. 115.
(c) Ibid. pag. 116.

Il imagina auſſi que le fluide électrique agiſſoit ſur l'air fixé dans tous
les corps, quoiqu'on ne pût pas rendre ce fait ſenſible par aucune expérience (a).

Au contraire il ſuppoſa que l'action
de la matiere électrique tendoit à fixer
l'air élaſtique, en frottant une matiere ſulfureuſe, que le Docteur Hales prouve avoir cette propriété (b).
Mais l'expérience ci-devant rapportée,
de l'étincelle électrique, excitée dans
un tube bouché, n'eſt pas favorable à
cette ſuppoſition.

Quand on plaça une goutte d'eau
entre les pointes de deux fils de fer,
& qu'on ſe ſervit de cet appareil pour
décharger la bouteille, l'eau fut uni-
formément diſperſée ſur les parois in-
térieures d'une ſphere de verre, dans
laquelle tout étoit renfermé. Il conjecture de la même maniere que l'action de la matiere électrique augmente l'évaporation de l'eau (c).

(a) Elettriciſmo artificiale e naturale,
pag. 83.
(b) Ibidem.
(c) Ibid. pag. 117.

En

En faisant passer la commotion à travers une quantité d'eau versée sur une surface platte, dont on avoit laissé exprès quelques portions de la circonférence presque à sec, ces portions devinrent tout-à-fait séches, beaucoup plutôt qu'elles ne l'auroient été, si on n'avoit point fait passer la commotion au travers (a).

Il explique, d'après ce principe, la prétendue rupture des vaisseaux sanguins dans les petits oiseaux par la commotion électrique (b). Et quand un muscle se contracte par la commotion, il suppose que cela vient de la dilatation des fluides que leurs fibres contiennent, dans le temps que la matiere électrique les traverse.

L'eau seule est, à son avis, un conducteur d'électricité si imparfait, qu'une feuille verte transmet mieux la commotion qu'une égale épaisseur d'eau (c). Si le fait est vrai, & que

(a) Elettricismo artificiale e naturale, pag. 121.
(b) Ibid. pag. 128.
(c) Ibid. pag. 135.

les fluides des végétaux tranfmettent l'électricité mieux que l'eau ; cela confirmera une conjecture que le Docteur Franklin m'a dit avoir tirée de quelques expériences qu'il n'a pas affez bien fuivies ; favoir que les fluides des animaux tranfmettent l'électricité mieux que l'eau. Il dit que le nerf d'un daim qui ne paroiffoit pas fort humide , tranfmit la commotion , tandis qu'un fil humeété ne put pas le faire.

Le P. Beccaria trouva auffi que le métal même n'étoit pas un conducteur parfait d'électricité , mais qu'il faifoit quelque réfiftance au paffage du fluide électrique. Il s'affura de ce fait en mefurant le temps dont il étoit retardé en paffant à travers des fils de fer longs & menus, malgré les expériences qu'on avoit faites auparavant & qui fembloient prouver le contraire.

Il fufpendit un fil de fer de cinq cent pieds de long , dans un grand bâtiment , & , au moyen d'une pendule qui battoit les demi-fecondes, il remarqua que des corps légers placés à un bout fous une boule de papier doré, ne s'ébranlerent que plus d'une demi-seconde après qu'il eut appliqué à l'autre bout le fil de fer d'une bouteille chargée.

En essayant la même chose avec une corde de chanvre, il compta six vibrations ou plus, avant qu'ils remuassent ; mais quand il eut humecté la corde, ils se mirent en mouvement après deux ou trois vibrations (a). Il ne dit pourtant pas que le fluide électrique ait employé tout ce temps dans sa marche ; parce qu'il peut bien falloir une certaine quantité du fluide, avant qu'il puisse enlever les corps légers. Mais il s'imagina qu'il se mouvoit avec plus ou moins de vîtesse, selon que les corps par lesquels il passoit, avoient auparavant plus ou moins de ce fluide (b).

J'aiouterai, à ces expériences du P. Beccaria, sur les pouvoirs conducteurs de l'air & de l'eau, une autre suite curieuse d'expériences du même

(a) Elettricismo artificiale e naturale, pag. 51.
(b) Ibidem.

R ij

Auteur, qui font voir la façon dont la fumée de réfine & de colophone eft affectée par l'approche d'un corps électrifé, parce qu'elles ont beaucoup d'affinité avec le fujet que je traite.

En répétant les expériences du Docteur Franklin, pour rendre vifible les atmofpheres électriques au moyen de la fumée de colophone, qu'il préféra pour cet effet à la réfine, il obferva plufieurs circonftances curieufes qui avoient échappé aux remarques de cet ingénieux Phyficien.

Il chauffa de la colophone fur un charbon, qu'il tenoit dans une cuiller fous un cube de métal électrifé ; & obferva que quand une partie de la fumée monta au cube, une autre partie couvrit le manche de la cuiller & s'étendit jufqu'à fa main (a).

La fumée fe tenoit à une plus grande hauteur fur les parties plattes du cube que fur les carnes & les angles.

Si on tiroit une étincelle du conducteur, la fumée en étoit agitée,

_____

(a) Elettricifmo artificiale e naturale, pag. 72.

mais reprenoit bientôt fa premiere pofition.

Le cube avec fon atmofphere don-noit des étincelles plus grandes & plus longues qu'un cube qui n'en eft point environné.

On pouvoit en tirer une étincelle plus forte avec une cuiller qu'avec tout autre corps.

Ayant ifolé la cuiller, il obferva qu'il montoit à peine quelque partie de la fumée jufqu'au cube, & que ce qui en approchoit par hafard, n'en étoit pas plus affecté qu'il ne l'auroit été de tout autre corps. Il mit fon doigt à la cuiller, & les premiers phénomenes revinrent ; en la retirant encore, la fumée qui s'étoit arrêtée fur le cube, fe diffipa auffi-tôt (a).

En parlant de l'électricité de diffé-rentes fubftances, il fera à propos de rapporter une expérience faite par M. Henry Eeles de Lifmore en Irlan-de, qui, à fon avis, prouvoit que les vapeurs & les exhalaifons de toute

_____

(a) Elettricifmo artificiale e naturale, pag. 73, 74.

eſpece ſont électriques. Le Mémoire qui en contient le détail fut lu à la Société royale le 2. Avril 1755.

Il électriſa un duvet de plume ſuſpendu au milieu d'un cordon de ſoie, & fit paſſer deſſous & au travers pluſieurs eſpeces de vapeurs & de fumées ; il obſerva que ſon électricité n'en fut pas du tout diminuée, comme il penſoit qu'elle l'eût été ſi la vapeur n'eût pas été électrique ; & ſi en conſéquence elle eût emporté avec elle une partie de la matiere électrique dont la plume étoit chargée. Il obſerva auſſi que l'effet fut le même, ſoit que la plume eût été électriſée avec du verre ou avec de la cire ; ce qui, ſelon lui, n'étoit pas facile à expliquer (a).

M. Darwin de Litchfield répond à cette expérience, dans une lettre adreſſée à la Société royale, & lue le 5 Mai 1757, que beaucoup de corps électriſés & particuliérement toutes les ſubſtances légeres, ſéches, ani-

_____

(a) Philoſ. Tranſact. vol. 49, part. 1, pag. 153.

males & végétales, ne perdent pas aifément leur électricité, quoiqu'elles foient touchées par des conducteurs pendant un temps confidérable Il toucha neuf fois avec fon doigt une plume électrifée, comme celle de M. Eeles, & la trouva encore électrifée. Une balle de liege fut touchée fept fois en dix fecondes de temps, fans avoir perdu toute fon électricité (a).

M. Kinnerfley de Philadelphie écrivant au mois de Mars 1761, au Docteur Franklin fon ami & fon correfpondant qui étoit alors en Angleterre, lui donne avis qu'il n'a pu rien électrifer par le moyen de la vapeur de l'eau bouillante électrifée : d'où il conclut que, contre ce que fon ami & lui avoient fuppofé auparavant, la vapeur étoit fi éloignée de s'élever en un état d'électricité qu'elle laiffoit en arriere fa portion ordinaire d'électricité (b).

(a) Philof. Tranfact. vol. 50, part. 1, pag. 252.
(b) Ibid. vol 53, part. 1, pag. 84.

R iv

Pour essayer les effets de l'électricité sur l'eau, M. Kinnersley imagina un excellent instrument qu'il appelle *Thermometre électrique d'air*. Il est composé d'un tube de verre, d'environ onze pouces de longeur & d'un pouce de diametre, plein d'air, & fermé à chaque bout des par viroles de cuivre, & d'un petit tube ouvert par les deux bouts, qu'on laisse descendre à travers la plaque supérieure dans un peu d'eau mise au fond du grand tube. Il plaça dans ce vaisseau deux fils de fer, l'un descendant de la virole de cuivre du bout supérieur, & l'autre montant de la virole de cuivre du bout inférieur, par le moyen desquels il pouvoit décharger une jarre, ou transmettre une étincelle, &c. & voir en même-temps l'expansion de l'air dans le vaisseau par l'élévation de l'eau dans le petit tube. A l'aide de cet instrument, il fit les expériences suivantes rapportées dans une lettre au Docteur Franklin, datée du 12 Mars 1761.

Il mit le thermometre sur un guéridon électrique avec la chaîne attachée au premier conducteur, & l'entretint bien électrisé pendant un temps

confidérable ; mais fans produire
beaucoup d'effet ; d'où il conclut que
le feu électrique, quand il eft dans un
état de repos , n'a pas plus de chaleur
que l'air & les autres matieres dans
lefquelles il fe trouve.

Quand les deux fils de fer en dedans du vaiffeau , furent en contact,
une forte charge d'électricité de plus
de trente pieds quarrés de verre garni
de métal , ne produifit point de raréfaction dans l'air ; ce qui fit voir que
le feu qui pafloit à ravers ces fils ne
les avoit point échauffés.

Quand les fils de fer furent à environ deux pouces de diftance , la charge d'une bouteille de pinte & demie,
mefure de Paris s'élançant de l'un à
l'autre, raréfia l'air très fenfiblement ;
ce qui montra que le feu électrique
produit de la chaleur en lui-même,
comme dit M. Kinnerfley , auffi-bien
que dans l'air , par la rapidité de fon
mouvement.

La charge d'une jarre d'environ
vingt deux pintes paffant d'un fil de
fer à l'autre, caufa dans l'air une ex-
panfion prodigieufe ; & la charge de
fa batterie de trente pieds quarrés de

R v

verre garni de métal, fit monter l'eau
dans le petit tube jufqu'à fon extrémité
fupérieure. Quand l'air commença à
fe rafraîchir, la colonne d'eau s'abaiffa
auffi-tôt par fa gravité , jufqu'à ce
qu'elle fût en équilibre avec l'air ra-
réfié. Elle defcendit enfuite peu-à-
peu , à mefure que l'air fe refroidif-
foit , & fe fixa à l'endroit où elle
étoit d'abord. En obfervant avec foin,
dit-il , à quelle hauteur l'eau defcen-
dante s'arrêta d'abord , on put favoir
quel étoit le degré de raréfaction ,
qui fut fort confidérable dans de grandes explofions.

Il eft tout fimple de remarquer que
la premiere élévation fubite de l'eau
dans le thermometre de M. Kinnerfley , après l'explofion faite dans le
vaiffeau qui la contenoit, ne doit pas
être attribuée à la raréfaction de l'air
par la chaleur , mais à la quantité
d'air actuellement déplacée par l'explofion électrique. Ce n'eft , comme
M. Kinnerfley l'obferve lui-même,
que quand cette premiere élévation
fubite a ceffé, qu'on peut eftimer le
degré de fa raréfaction par la chaleur ; c'eft-à-dire au moyen de la hau-

teur à laquelle l'eau s'arrête alors au-dessus du niveau ordinaire.

Le Docteur Franklin avoit dit que la glace ne tranfmettoit point la commotion électrique ; & M. Bergman dans une lettre à M. Wilfon, lue à la Société royale, le 20 Novembre 1760, fait voir [ce que le P. Beccaria avoit déja fait] qu'une petite quantité d'eau ne lui réuffit pas mieux que n'avoit fait la glace au Docteur Franklin, qui paroît s'être fervi d'un glaçon, qui, à ce que penfe M. Bergman, n'étoit pas affez grand pour réuffir. D'où il foupçonnoit que de grandes quantités de glace tranfmettroient la commotion électrique auffi parfaitement que le feroit une grande quantité d'eau (a).

Cependant il paroît enfuite avoir changé de fentiment par rapport à la glace : car, dans un Mémoire poftérieur qui fut lu à la Société royale le 18 Mars 1762, ayant remarqué que la neige ne tranfmettoit pas bien la

(a) Philof. Tranfact. vol. 51, part. 2, pag. 908.

R vj

commotion électrique , il dit qu'il croyoit pourtant que s'il pouvoit se procurer des morceaux de glace d'une épaisseur convenable , il les chargeroit de même que le verre *a*).

Jean François Cigna étoit si pleinement convaincu du pouvoir non-conducteur de la glace, qu'il en fit usage dans une expérience par laquelle il vouloit déterminer si , conformément à l'hypothèse du Docteur Franklin , les substances électriques contiennent plus de matiere électrique que les autres corps. Il renferma une quantité de glace dans un vase de verre , & quand il crut l'avoir fait passer de l'état électrique au non électrique , en la fondant , il essaya si elle étoit électrisée : mais quoiqu'il ne lui parut pas qu'elle eût acquis plus de ce fluide, qu'elle ne devoit en avoir dans son nouvel état , il ne paroît pas avoir abandonné son opinion (*b*).

(*a*) Philos. Transact. vol. 52 , part. 2 , pag. 485.

(*b*) Mémoires de l'Académie de Turin , pour l année 1765, pag. 47.

Le lecteur trouvera dans la dernière Partie de cet ouvrage quelques expériences, qu'on croit propres à apprendre dans quelle claffe de corps on doit ranger la glace, en prouvant que fon pouvoir conducteur eft pour le moins, à-peu-près égal à celui de l'eau.

PÉRIODE X.

SECTION III.

Expériences & découvertes de M. Canton relativement aux surfaces des corps électriques, & autres expériences faites en conséquence, ou relatives au même sujet : tendant toutes à assurer la distinction entre les deux électricités.

Jusqu'a cette derniere Période, la même électricité avoit toujours été produite par le même corps électrique. Le frottement du verre avoit toujours produit une électricité positive ; & celui de la cire à cacheter, &c. avoit toujours donné une électricité négative. On croyoit que c'étoient des propriétés essentielles &

immuables de ces fubftances ; de-là
vient que bien des gens appelloient
l'une l'électricité vitrée, & l'autre l'é-
lectricité réfineufe. Ainfi électrifer
négativement ou produire une électricité réfineufe par le moyen du verre, ou bien électrifer pofitivement,
c'eft-à-dire, produire une électricité
vitrée, par le moyen de la cire à cacheter, &c. eût été regardé comme
un aufli grand paradoxe, que d'électrifer un corps quelconque par le frottement du cuivre ou du fer. Car,
quoiqu'on ne fût pas pourquoi la matiere électrique couloit du frottoir
dans le verre frotté, ou de la cire à
cacheter frottée dans le frottoir, le
fait avoit été toujours invariable ; il
n'eft même pas mention qu'il foit jamais rien arrivé dans le cours d'aucunes expériences, qui ait pu faire
foupçonner le contraire [56].

---

[56] Cela eft vrai : tous les Phyficiens
conviennent de ces faits. Mais ce n'eft-là que
la moitié de la chofe ; il n'eft pas moins clairement prouvé, quoique quelques Electriciens
n'en conviennent pas, qu'il y a en même-temps
une matiere électrique qui coule du verre dans

Quelle doit donc avoir été la surprise des Electriciens de trouver que les différents pouvoirs du verre & du soufre soit si éloignés d'être invariables, que l'un peut se changer en l'autre, & que le même tube de verre eût susceptible de prendre l'une & l'autre puissance ? Combien ne dûrent-ils pas être satisfaits de savoir qu'on avoit découvert d'où dépendoit la transmutation de ces pouvoirs opposés ? Ce fut M. Canton qui leur procura cette surprise & ce plaisir, en faisant voir que ce qui rendoit l'électricité positive ou négative ne dépendoit que du frottoir & de la surface du verre.

Cet excellent Physicien n'a pas jugé à propos de nous apprendre de quelle maniere, par quelle suite de réflexions ou par quel hasard il fut conduit à cette découverte ; mais c'en est assurément

le frottoir, & une pareille matiere qui coule du frottoir dans la cire à cacheter ou autre matiere résineuse ou sulfureuse Il est aisé de voir ces faits prouvés d'une maniere bien décisive dans plusieurs endroits des ouvrages de M. l'Abbé Nollet.

une qui diftingue éminemment cette Période de mon hiftoire. Elle jette un grand jour fur la doctrine de l'électricité pofitive & négative, & fraye le chemin à d'autres découvertes qui y répandront encore plus de lumiere.

Ce fujet des deux électricités paroît avoir occupé l'attention des Electriciens d'une façon particuliere dans le cours de cette Période, & même depuis la découverte de M. Franklin, favoir que l'électricité des deux furfaces d'un verre chargé, font toujours contraires l'une à l'autre [57]. En conféquence le lecteur trouvera dans cette Période plufieurs fections qui y ont rapport. Mais il s'appercevra que quoiqu'on ait fait beaucoup de progrès, il refte encore beaucoup de chofes à faire ; & que nous fommes

☞ [57] Ces deux prétendues découvertes, que l'Auteur cherche tant à faire valoir, ne font rien moins que des découvertes ; car ce que l'on croit avoir découvert, & qu'on regarde comme fi important, n'exifte pas : c'eft-à-dire, que cette diftinction entre deux efpeces d'électricité, l'une *en plus*, l'autre *en moins*, telle que l'entend M. Franklin, n'a pas lieu, comme nous le verrons bientôt.

encore bien éloignés de comprendre
parfaitement la nature des deux électricités, ainsi que leur dépendance &
le rapport de l'une à l'autre.

Avant que de faire part de sa découverte même, M. Canton observe
qu'il est possible de donner à la cire
à cacheter une électricité positive. Il
frotta un bâton de cire à cacheter,
d'environ deux pieds & demi de longueur & un pouce de diametre ; & le
tenant par le milieu, il passa un tube
de verre électrisé plusieurs fois sur
une partie de ce bâton sans toucher à
l'autre. Le résultat fut que la moitié
qui avoit été exposée à l'action du
verre électrisé fut positive, & l'autre
moitié fut négative : car la premiere
moitié détruisit le pouvoir répulsif des
balles électrisées par le verre, tandis
que l'autre moitié l'augmenta (a).

Ce fut à la fin de Décembre 1753,
que l'on fit les expériences qui prouvent que les apparences d'électricités
positive & négative, dépendent de la

_____

(a) Philos. Transact. vol. 48, part. I,
pag. 356.

surface des corps électriques & de celle du frottoir.

Ayant frotté un tube de verre avec un morceau de feuille de plomb mince & de l'émeril mêlé avec de l'eau, jusqu'à le dépolir, il l'électrisa [après l'avoir bien nettoyé & séché] avec de la flanelle neuve ; & trouva qu'il agissoit à tous égards comme le soufre ou la cire à cacheter électrifés. Le feu électrique paroissoit sortir de la jointure ou du bout du doigt, & s'étendre sur la surface du tube d'une façon très belle.

Si l'on frottoit ce tube dépoli avec une étoffe de soie huilée & seche, sur-tout après y avoir passé un peu de craie ou de blanc d'Espagne, il agissoit comme un tube de verre qui auroit eu son poli naturel. Dans ce cas-là, le feu électrique ne paroissoit qu'à la jointure & au bout du doigt, où il sembloit être fort condensé avant que d'entrer.

Mais si ce tube dépoli étoit graissé par-tout avec du suif de chandelle, & essuyé le plus vîte possible avec une serviette, alors la soie huilée recevoit une sorte de poli en le frottant ;

& après quelques coups, elle faifoit agir le tube de la même maniere que quand on l'avoit frotté d'abord avec une flanelle.

La foie huilée étant recouverte de craie ou de blanc d'Efpagne, faifoit agir encore le tube dépoli, quoique graiffé, comme un tube poli ; mais fi on continuoit le frottement, jufqu'à ce que le frottoir devint liffe & poli, le pouvoir électrique étoit changé en celui du foufre, de la cire à cache-ter, &c [58].

&☞ [58] Il eft aifé de voir que toutes les expériences qu'on vient de rapporter, ne prou-vent rien autre chofe, finon qu'on électrife le tube plus fortement dans certains cas que dans d'autres. Ainfi, fi l'on veut appeller *électricité positive* ou *en plus*, celle d'un corps fortement électrifé, & *électricité négative* ou *en moins*, celle d'un corps moins fortement électrifé ; je confens volontiers à me fervir de ces termes, & à admettre la diftinction entre électricité *en plus*, & électricité *en moins* Mais fi l'on veut, avec M. Franklin & fes partifans, que ces deux électricités foient d'une nature tout-à-fait différente, & que la matiere électrique ne faffe que fortir d'un corps électrifé *en plus*, & qu'au contraire elle ne faffe qu'entrer dans un corps électrifé *en moins* ; je nie formellement le fait ; parce que le contraire a été fi claire-

Ainsi, dit-il, on peut à plaisir produire l'électricité positive ou négative, en altérant les surfaces du tube & du frottoir, selon que l'un ou l'autre est le plus affecté par le frottement. Car si on ôte le poli à la moitié d'un tube, on pourra y exciter les différents pouvoirs en même-temps avec le même frottoir ; & il ajoute, qu'il est beaucoup plus facile de mouvoir le frottoir sur la partie dépolie que sur la partie polie du tube.

La lumiere qui paroissoit entre la jointure ou le bout du doigt & les tubes, sembloit montrer évidemment que le verre poli s'électrisoit positive-

---

ment prouvé, qu'il est impossible de s'y refuser, à moins qu'on ne soit prévenu pour un système auquel ce fait soit défavorable. En effet, il y a dans tous les cas deux courants de matiere électrique, dont les directions sont opposées ; l'un partant du corps électrisé, (de quelque maniere qu'il le soit) pour se porter aux environs ; l'autre partant des corps voisins ou de l'air ambiant, pour se porter aux corps électrisés. *Voyez* les Leçons de Physique de M. l'Abbé Nollet, *tom. VI, pag.* 374 *& suiv.* Il n'y a donc entre l'électricité *en plus* & l'électricité *en moins*, d'autre différence que le degré de force.

ment, & que le verre dépoli, frotté avec une flanelle, s'électrifoit négativement : mais M. Canton prétendit que ce fait fe confirmoit encore, en obfervant que fi, pendant qu'on frotte un tube de verre poli avec une étoffe de foie huilée & unie, on approche la main à trois pouces de diftance au moins du haut du frottoir, il arrive qu'à chaque coup ce tube jette un grand nombre d'aigrettes divergentes de feu électrique : mais qu'on n'en a jamais vu de telles lorfqu'on frotte du foufre, de la cire à cacheter, &c. Il dit que jamais il n'a pu produire aucune altération fenfible dans l'air d'une chambre uniquement par le frottement de ces corps ; au lieu que le tube de verre étant électrifé au point de produire des aigrettes, électrifoit l'air en fort peu de minutes à tel degré, qu'après avoir emporté le tube, une paire de balles de la groffeur d'un petit pois, faites de liege ou de moëlle de fureau, & fufpendues à un fil de fer par des fils de lin de fix pouces de longueur fe repouffoient l'une l'autre à la diftance d'un pouce & demi, quand on les éloignoit de soi de la longueur du bras dans le milieu de la chambre (a).

D'après ces expériences de M. Canton, M. Wilson en a fait plusieurs qui jettent un peu plus de lumiere sur cette curieuse matiere. Mais il est difficile d'en tirer aucune conséquence générale ; & celle qu'il a tirée lui-même n'est pas assez déterminée. C'est que deux corps électriques étant frottés ensemble, celui dont la substance est la plus dure & le pouvoir électrique le plus fort, sera toujours électrisé en plus, & le plus tendre & le plus foible le sera en moins (b). En frottant la tourmaline & l'ambre ensemble, il produisit l'électricité en *plus* des deux côtés de la pierre, & en *moins* sur l'ambre : mais en frottant la tourmaline & le diamant ensemble, les deux côtés de la tourmaline furent électrisés en *moins* & le diamant en *plus* [59].

_____

(a) Philos. Transact. vol. 48, part. 2, pag. 782.

(b) Ibid. vol. 51, part. 1, pag. 331.

☞ [59] Ceci prouve bien encore ce que j'ai avancé dans la note précédente; savoir,

Ces expériences qui , à son avis, prouvoient cette proposition , l'encouragerent à essayer quel effet produiroit le frottement de l'air contre différents corps électriques ; & ces effets furent très-considérables. Il ne se servit pour ces expériences que d'un soufflet ordinaire , & fit la premiere sur la tourmaline. Il la plaça à l'extrémité du bout du soufflet , & trouva qu'après environ vingt coups , elle fut électrisée *en plus* des deux côtés. L'air parut donc être moins électrique que la tourmaline.

Au lieu de la tourmaline , il plaça ensuite un paneau de verre , & souffla dessus le même nombre de fois que dans la précédente expérience ; & quand il en eut examiné les deux côtés, il les trouva aussi électrisés *en plus* , mais moins que la tourmaline.

L'ambre traité de la même maniere fut moins électrisé que le verre.

Ensuite il eut recours à un soufflet de forge. La seule différence qu'il

---

que ces deux électricités ne différent que par le degré de force ou d'intensité.

trouva

trouva fut fimplement une électricité beaucoup plus forte dans la tourmaline. L'ambre fut encore plus foible que le verre, & le verre plus foible que la tourmaline.

Ayant en vue d'examiner le milieu qui environne ces corps [fur lequel, ainfi que je l'ai obfervé, il faifoit beaucoup de fond pour établir la différence entre les corps électriques & ceux qui ne le font pas] il confidéra que la chaleur le raréfioit fur les furfaces des particules d'air ; au moyen de quoi, la réfiftance de l'air étant diminuée, il fe déferoit plus promptement du fluide électrique, & par conféquent électriferoit plus puiffamment

Ayant donc fait rougir le bout du foufflet, il fouffla fur la tourmaline douze fois feulement, c'eft-à-dire huit fois de moins que dans l'expérience précédente qu'il avoit faite avec l'air froid. Dans cette expérience la tourmaline fut électrifée *en plus* des deux côtés, mais à un dégré plus confidérable qu'elle ne l'avoit été dans les précédentes. L'air chaud produifit le

Tom. I. S

même effet fur le verre, mais il l'é-
lectrifa moins que la tourmaline ;
& quoique l'ambre traité de la même
maniere, reçut, ainfi que les autres corps, un accroiffement de pouvoir, il fut électrifé le moins de
tous.

De ce que l'air électrifoit plus puiffamment quand il étoit chaud qu'é-
tant froid, & que la tourmaline fut
électrifée plus que le verre, & le verre
plus que l'ambre, comme il parut par
les dernieres expériences, il nous paroît prouvé, dit M. Wilfon, que
toute l'atmofphere produit conftamment un écoulement du fluide électrique, par les changements alterna-
tifs de la chaleur & du froid ; & de
plus, que l'air eft non feulement
moins électrique que la tourmaline,
mais moins que le verre, ou même
moins que l'ambre (a).

M. Wilfon rapporte, dans un autre
Mémoire qui fut lu à la Société royale

(a) Philof. Tranfact. vol. 51, part. 1
pag. 332.

le 13 Novembre 1760 , quelques expériences curieuſes , qui font voir,
dit-il , qu'on peut produire une électricité *en plus* , par le moyen d'une
électricité *en moins*.

Ayant électriſé l'intérieur d'une
grande bouteille de Leyde *en plus*,
par le moyen d'un fil de fer conducteur partant d'un globe de verre électriſé , il la mit ſur un guéridon de
bois frit , & ôta le fil de fer conducteur ; après quoi il boucha la bouteille
avec un bouchon de verre. Alors il
préſenta vis-à-vis de la panſe de la
bouteille , à environ deux pouces de
diſtance , l'extrémité pointue d'un
conducteur d'ivoire. Il arriva que les
balles que ſupportoient le conducteur
furent électriſées *en moins* , & le furent d'autant plus qu'on approcha davantage l'ivoire de la bouteille , dans
une direction horizontale.

Mais en éloignant l'ivoire à une
plus grande diſtance , l'électricité *en
moins* diminua ; & à un certain éloignement il n'en reſta plus le moindre
ſigne ; mais quand l'ivoire fut éloigné
de la bouteille , d'environ dix-huit
pouces , l'électricité *en plus* parut , &

continua même après qu'on eut emporté l'ivoire (*a*).

Il électrifa, avec un cylindre de bois féché au four, des boules fufpendues à une diftance de quatre pieds ou plus, à un ivoire électrifé *en moins,* & préfentant le cylindre fur le milieu de l'ivoire , & l'y tenant quelque temps ; puis en l'approchant davantage, les boules furent électrifées *en moins* plus fortement ; mais le même cylindre, en le reculant à la diftance de deux ou trois pieds ou plus, électrifa les boules *en plus.*

Quand au lieu de conducteur d'ivoire, on fe fervit d'un conducteur de métal, fans carnes ni pointes , & fans y rien tenir fufpendu , le même cylindre préfenté au-deffus du métal, [comme on avoit fait dans la derniere expérience au-deffus de l'ivoire, à la diftance de deux pieds,] produifit une électricité *en plus ;* & cette électricité devint plus foible à mefure que l'on en approchoit le cy-

(*a*) Philof. Transact. vol. 51, part. 2, pag. 899.

lindre ; mais en diminuant la diſtance juſqu'à environ un pied . l'électricité *en moins* en prit la place ; M. Wilſon penſe qu'alors l'apparence *en plus* venoit de la terre , de l'air , ou des autres corps voiſins.

Quand il fit les expériences précédentes pour la premiere fois , il fut un peu embarraſſé par les apparences incertaines d'une électricité *en plus* une fois , & *en moins* une autre fois , dans la même expérience ; mais il trouva par des eſſais & des obſervations réïtérés , que l'on peut produire à volonté une électricité *en plus* ou *en moins* , en faiſant bien attention aux trois circonſtances ſuivantes ; ſavoir , à la forme des corps , à leur éloignement ſubit ou ſucceſſif , & aux degrés d'électriſation.

M. Wilſon fait enſuite mention de quelques autres circonſtances très-délicates , où les différences les plus légeres & preſque imperceptibles dans la poſition ou dans le frottement des deux corps , produiſent dans l'un ou l'autre l'électricité *en plus* une fois , & celle *en moins* une autre. Tels ſont , dit-il , les effets de ce fluide actif &

subtil , quand les expériences font
faites avec foin ; c'eft pourquoi elles
demandent l'attention la plus fcrupu-
leufe pour découvrir les caufes qui les
produifent.

On fe fervit de la cire à cacheter
& de l'argent dans les deux premieres
expériences , mais beaucoup d'autres
fubftances parurent réuffir auffi-bien.
La cire à cacheter étoit nette & n'a-
voit éprouvé aucun frottement que
ce foit , excepté celui de l'air environnant , & avoit été quelques heures dans cet état. L'argent étoit af-
fujetti à un morceau de bois frit,
qui fut auffi préfervé de frottement
pendant le même efpace de temps.
Alors prenant un de ces corps dans
chaque main , l'argent étant au bout
du bois le plus éloigné de fa main,
il pofa la partie la plus unie de l'argent fur la cire à cacheter , & le
gliffa légérement une feule fois le
long de fa furface & avec une preffion très-foible ; après quoi l'argent
fe trouva électrifé *en plus* & la cire
en moins.

En répétant l'expérience de la même maniere & avec autant de foin ,

excepté que le côté uni de l'argent
étoit un peu incliné, de forte que fa
carne preffoit contre la cire; l'argent
après avoir été gliffé comme auparavant, fut électrifé *en moins*, & la
cire *en plus*, tout au contraire de ce
qui avoit été obfervé dans la précédente expérience.

Ces effets oppofés, occafionnés par
les applications différentes du *plat*
ou de la *carne* de l'argent, lui parurent venir d'un changement qui s'é-
toit fait dans la furface de la cire, en
en détruifant le poli dans un cas, &
point dans l'autre; & à cet égard
elle reffembloit au verre poli & au
verre dépoli, dont on a parlé ci-devant [60].

En fe fervant de bois frit au lieu
de cire, & employant dans le frottement différents degrés de preffion, il
produifit avec la même carne de l'argent, des apparences femblables; la
moindre preffion caufa une apparence

---

[60] On plutôt elle faifoit voir le contraire; puifqu'elle s'électrifoit *en plus* dans le
cas où fa furface étoit dépolie, & *en moins*
quand fa furface demeuroit polie.

en plus dans l'argent, & la plus grande une apparence *en moins*.

Un morceau plat d'acier bien poli & dont les carnes étoient arrondies, produisit les mêmes apparences, en appliquant seulement au bois sa surface platte; mais il fallut avec l'acier plus de preſſion pour produire l'effet *en moins*, qu'il n'en avoit fallu avec l'argent, auquel l'on avoit conſervé la carne.

M. Wilſon n'oſe pas aſſurer, faute d'expériences ſuffiſantes, ſi la raiſon qu'on a donnée ci-deſſus pour expliquer ces dernieres apparences, eſt la véritable ou non; mais il croit qu'on peut ſûrement avancer, que nous avons la faculté de produire à volonté, avec les mêmes corps, une électricité *en plus* ou *en moins*, en faiſant attention à la maniere dont on les applique, & dont on les frotte (a) [61].

_____

(a) Philoſ. Tranſact. vol. 51, part. 2, pag. 899.

☞ [61] Tout cela prouve de plus en plus que ce ne ſont pas des électricités de natures différentes.

M. Bergman, dans une lettre à M. Wilfon, lue à la Société royale le 23 Février 1764, rend compte de quelques expériences qu'il a faites; & qui, jointes à celles de M. Canton concernant les furfaces, peuvent répandre beaucoup de lumiere fur la doctrine de l'électricité positive & négative.

Ces expériences furent faites avec deux écheveaux de foie, dont l'un fut étendu fur un chaffis, tandis que M. Bergman tenoit l'autre dans fa main. Il remarqua que fi les deux écheveaux fe reffembloient par rapport au tiffu, à la couleur, à la furface & à tous autres égards, autant qu'on en pouvoit juger; & fi il traînoit toute la longueur de l'écheveau qu'il tenoit dans fa main, fur une partie de celui qui étoit étendu fur le chaffis, l'écheveau qu'il avoit dans la main contractoit l'électricité positive, & celui du chaffis la négative. S'il traînoit une partie de celui qu'il avoit dans la main fur toute la longueur de l'autre les effets étoient renverfés.

Si l'écheveau de fa main étoit d'une autre couleur [pourvu qu'il ne fût

S v

pas noir] les effets étoient les mêmes.

Si l'écheveau qu'il tenoit dans sa
main étoit noir, l'électricité étoit
toujours négative, de quelque maniere que se fit la friction; à moins
que l'écheveau du chassis ne fût noir
aussi; auquel cas, si on en frottoit
toute la longueur, il se trouvoit électrisé positivement.

En tâchant de rendre raison de ces
effets, il observe que l'écheveau qui fut
le plus frotté, étoit devenu plus *lisse*
& plus *chaud* que l'autre; mais il fut
d'avis que, quoique le poli de la surface dispose les corps à être électrisés
positivement, il y a aussi d'autres circonstances qu'il faut considérer; car
il trouva que, quand il tint dans sa
main un écheveau de soie, devenu
fort uni à force de frottement & qu'il
le traîna sur une portion d'un autre
écheveau qui n'avoit pas encore été
frotté, ce dernier fut néanmoins électrisé positivement. Il conclut d'après
cette expérience, que cet effet devoit
en quelque sorte être attribué à la
couleur; & en suivant cette idée, il
fut conduit aux expériences suivantes.

Si l'écheveau qu'il tenoit dans sa
main étoit bien échauffé, quoiqu'il
le glifsât fur une partie de l'écheveau
du chaffis, il s'électrifoit négativement ; & l'écheveau du chaffis, pofitivement. Il fit ces expériences avec le
même fuccès fur des écheveaux de
foie de diverfes couleurs, bleus, verts,
rouges, blancs, &c.

Si l'écheveau du chaffis étoit noir,
il ne contractoit jamais une électricité
pofitive, quoique l'écheveau qu'il
tenoit dans fa main eût été échauffé,
à moins qu'il ne fût noir auffi. Il crut
pouvoir conclure sûrement, d'après
ces expériences, que la chaleur dif-
pofoit du moins certaines fubftances
à un état négatif ; & penfa que le
défaut d'attention à cette circonftance
pouvoit avoir occafionné des erreurs
dans le réfultat de quelques expériences, fur-tout dans celles qui concernent le cryftal d'Iflande.

Il conclut de tout ceci qu'il y a,
par rapport à l'électricité négative &
pofitive, un certain ordre fixe dans
lequel on peut placer tous les corps,
les autres circonftances demeurant les
mêmes. Soit A, B, C, D, E, cer-

taines fubftances, dont chacune étant
frottée avec fon antécédente, eft négative ; mais pofitive avec fa fubfé-
quente. Dans ce cas là , moins il y
aura de diftance entre les corps qui fe
frottent, plus l'électricité fera foible,
toutes chofes égales d'ailleurs ; ainfi
elle fera plus forte entre A & E,
qu'elle ne fera entre A & B. La chaleur, dit-il, difpofe les corps à une
électricité négative ; mais fi la diftance dont on vient de parler eft confidérable, elle ne peut pas *vaincre
tout-à-fait*, quoiqu'elle puiffe *affoi-
blir* cette électricité, comme on le
voit évidemment par les écheveaux
de foie noire. Quand un globe de verre
s'échauffe à force de tourner, on s'apperçoit que fon pouvoir eft diminué.
Cela ne vient-il pas, dit-il, de ce que
la chaleur le difpofe davantage à l'é-
lectricité négative? au moyen de quoi
la diftance dont il s'agit, entre le verre
& le frottoir eft diminuée (*a*).

Dans cette Section, je ne dois pas
oublier de faire connoître à mes lec-

(*a*) Phil. Tranf. vol. 54, pag. 86.

teurs deux Électriciens célébres, dont
les découvertes leur donneront la
plus grande satisfaction ; je veux dire
M. Wilke de Roſtock dans la Baſſe-
Saxe, & M. Æpinus de Petersbourg.
Je profite de cette circonſtance pour
féliciter tous les Amateurs des Sciences & particuliérement de l'Electricité, ſur les progrès conſidérables
qu'on a faits en cette ſcience : quelle
joie n'euſſent pas reſſenti M. Hawkesbée & M. Grey, s'ils euſſent pu
prévoir que deux Traités, auſſi admirables que ceux de ces Meſſieurs
ſur l'Electricité, nous viendroient de
païs ſi éloignés du lieu de leur naiſ-
ſance ?

M. Wilke rapporte pluſieurs expériences curieuſes ſur la génération de
ce qu'il appelle *Electricité ſpontanée*,
produite par la liquéfaction de ſubſtances électriques, leſquelles com-
parées avec celles de M. Canton, ré-
pandent un grand jour ſur la doctrine
de l'électricité poſitive & négative.

Il fondit du ſoufre dans un vaiſſeau
de terre, qu'il plaça ſur des conducteurs : puis le laiſſant refroidir, il en
ôta le ſoufre & le trouva fortement

électrifé ; mais il n'en étoit pas de même quand on l'avoit mis refroidir fur des corps électriques.

Il fondit du foutre dans des vafes de verre, au moyen de quoi ils acquirent l'un & l'autre une forte électricité dans les circonftances ci-deffus rapportées, foit qu'on les plaçât fur des corps électriques ou non; mais cette électricité fut plus forte dans le premier cas, que dans le dernier ; & ils acquéroient une vertu encore plus forte quand le vafe de verre étoit garni de métal. Dans ce cas-là, le verre fut toujours électrifé pofitivement, & le foufre négativement. Il eft finguliérement remarquable que le foufre n'acquit point d'électricité jufqu'à ce qu'il commença à fe refroidir & à fe contracter ; & que fon électricité la plus forte fut dans l'état de la plus grande contraction ; au lieu que l'électricité du verre fut alors la plus foible, & elle ne fut jamais plus forte, que quand on ôta le foufre en le fecouant, avant qu'il commençât à fe contracter, & avant qu'il eût acquis aucune électricité négative.

En suivant ces expériences , il trouva que la cire à cacheter fondue, versée dans le verre , acquit une électricité négative ; mais que versée dans du soufre , elle acquit une électricité positive, & le soufre fut négatif. Le soufre versé dans du bois séché au four , devint négatif. La cire à cacheter versée pareillement dans le bois fut négative , & le bois conséquemment positif ; mais le soufre versé dans du soufre ou dans du verre dépoli , n'acquit point du tout d'électricité (a).

M. Æpinus fit aussi des expériences semblables. Il versa du soufre fondu dans des coupes de métal , & observa que quand le soufre fut refroidi , la coupe & le soufre ensemble ne donnerent aucuns signes d'électricité ; mais ils en donnerent des signes très - forts au moment qu'ils furent séparés. L'électricité disparut toujours quand on remit le soufre dans la coupe , & reparut quand on l'en ôta de nouveau. La coupe avoit acquis une électricité

_____

(a) Wilke , pag. 44.

négative, & le foufre une positive ; mais fi l'un des deux avoit été privé de fon électricité, tandis qu'ils étoient féparés, tous les deux, après leur réunion, donnoient les fignes de cette électricité qui n'avoit point été détruite. Il obferva que cette électricité n'exiftoit que fur la furface du foufre (a).

M. Wilke a pareillement rapporté plufieurs expériences curieufes, qu'il a faites fur le frottement de diverfes fubftances, qui jettent auffi un grand jour fur la matiere que nous traitons.

Le foufre & le verre frottés enfemble produifirent une forte électricité, pofitive dans le verre & négative dans le foufre.

Le foufre & la cire à cacheter étant frottés enfemble, la cire devint pofitive & le foufre négatif.

Le bois frotté avec une étoffe fut toujours négatif

Le bois frotté contre du verre poli devint négatif, mais contre du verre dépoli il devint pofitif.

(a) Æpini tentamen, pag. 66-70.

Le foufre frotté contre des métaux fut toujours pofitif, & ce fut le feul cas où il fe trouva tel : cependant étant frotté contre du plomb, il devint négatif, & le métal pofitif ; le plomb paroiffant par-là n'être pas un fi bon conducteur que les autres métaux.

Après avoir rapporté ces expériences, M. Wilke donne le catalogue fuivant des principales fubftances dont on fe fert dans les expériences électriques, placées dans l'ordre fuivant lequel elles font difpofées à acquérir l'électricité pofitive ou négative ; toutes ces fubftances devenant électriques pofitivement quand elles font frottées avec quelqu'une de celles qui les fuivent dans la lifte ; & négativement, quand on les frotte avec celles qui les précédent.

Le verre poli.	La cire blanche.
L'étoffe de laine.	Le verre dépoli.
Les plumes.	Le plomb.
Le bois.	Le foufre.
Le papier.	Les métaux (a).
La cire à cacheter.	

(a) Wilke, pag. 54.

M. Wilke dit que dans toutes les expériences que l'on fait pour déterminer l'ordre de ces substances, il faut beaucoup de soin pour distinguer l'électricité originelle, d'avec celle qui est communiquée, ou qui est la suite du frottement (a).

M. Wilke dit aussi que le verre poli est positif dans tous les cas ; & il en infére que c'est de toutes les substances connues celle qui attire le plus le fluide électrique. Mais M. Canton m'a dit avoir éprouvé que le verre le plus poli acquiert une électricité négative, si on le traîne sur le dos d'un chat.

Les expériences suivantes de M. Æpinus, sont de la même nature que celles de M. Wilke. Il pressa ensemble très-intimément deux morceaux de glace de miroir, qui contenoient chacun quelques pouces quarrés, & observa que quand on les sépara sans les laisser toucher à aucun conducteur, ils acquirent chacun une électricité très-forte, l'un la positive & l'autre la négative ; quand on les

----

(a) Wilke, pag. 69.

rejoignit enfemble de nouveau l'électricité difparut dans tous les deux ; ce
qui n'arrivoit pas fi l'un ou l'autre des
deux avoit été privé de fon électricité
dans le temps de leur féparation ; car
dans ce cas-là , les deux , quand ils
furent réunis , eurent l'électricité de
l'autre. La même expérience , dit-il,
peut fe faire avec le verre & le foufre , ou avec d'autres corps électriques quelconques, ou avec tout corps
électrique & un morceau de métal (*a*).

(*a*) Æpini tentamen , pag. 65.

Fin du Tome I.

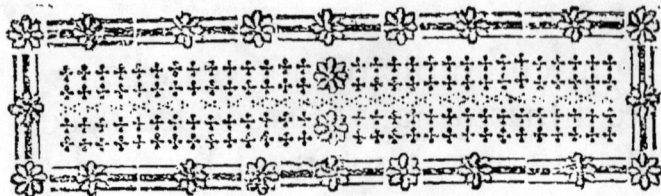

TABLE
DES MATIERES
Contenues dans ce I. Tome.

HISTOIRE
DE
L'ÉLECTRICITÉ.

PREMIERE PARTIE.

PÉRIODE IX.

SECTION I.

SECTION II.

SECTION III.

PÉRIODE X.

SECTION I.

SECTION II.

SECTION III.

Fin de la Table.

De l'Imprimerie de P. ALEX. LE PRIEUR,
Imprimeur du Roi.

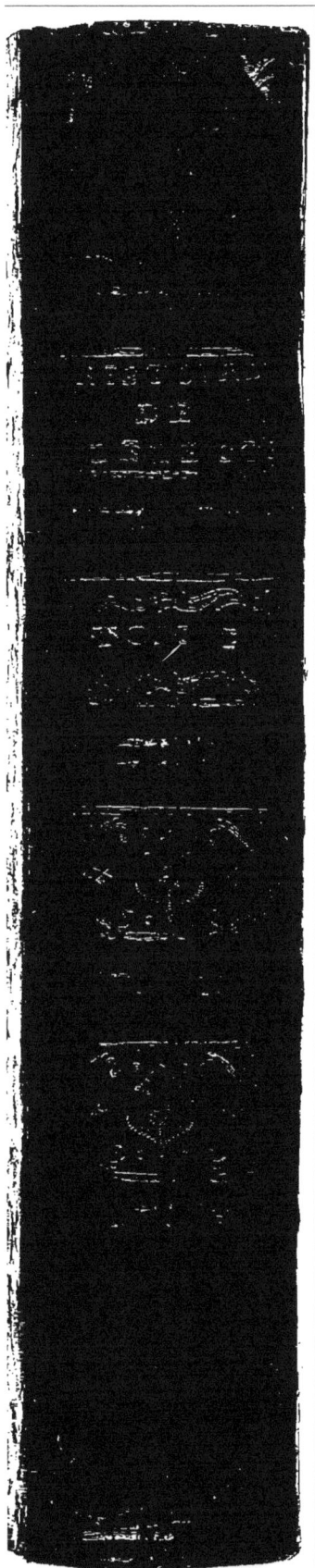

www.ingramcontent.com/pod-product-compliance
Lightning Source LLC
Chambersburg PA
CBHW061958220326
41599CB00021BA/3172